广义三维非线性岩体强度准则与应用

Generalized three-dimensional nonlinear rock mass strength criterion and application

张 琦 著

东南大学出版社
SOUTHEAST UNIVERSITY PRESS
·南京·

内 容 提 要

　　本书基于广义三维非线性岩体强度准则［Generalized Zhang-Zhu (GZZ)准则］，基于屈服面光滑性和全凸性要求修正了广义三维非线性岩体强度准则，建立了连续多段塑性流动法则的修正广义三维非线性岩体本构模型。归纳了准则岩体参数的确定方法，基于球形—非球形颗粒流建模方法开展了准则岩体参数的尺寸效应研究，实现了广义三维非线性岩体强度准则岩体参数的标准化。

　　本书的研究成果可推动三维非线性岩体强度准则的发展和应用，为我国岩体工程建设和深地开发提供理论支撑，可供岩石力学与工程领域的科研、教学和工程建设技术人员参考。

图书在版编目(CIP)数据

　　广义三维非线性岩体强度准则与应用 / 张琦著. —
南京 ：东南大学出版社，2023.1
　　ISBN　978 - 7 - 5766 - 0528 - 0

　　Ⅰ. ①广⋯　Ⅱ. ①张⋯　Ⅲ. ①岩体强度－研究　Ⅳ.
①TU452

　　中国版本图书馆 CIP 数据核字(2022)第 243095 号

责任编辑：丁　丁　　责任校对：韩小亮　　封面设计：毕　真　　责任印制：周荣虎

广义三维非线性岩体强度准则与应用
Guangyi Sanwei Feixianxing Yanti Qiangdu Zhunze Yu Yingyong

著　　者	张琦
出版发行	东南大学出版社
社　　址	南京市四牌楼 2 号(邮编：210096　电话：025 - 83793330)
网　　址	http://www.seupress.com
电子邮箱	press@seupress.com
经　　销	全国各地新华书店
印　　刷	江苏凤凰数码印务有限公司
开　　本	787 mm×1092 mm　1/16
印　　张	13.25
字　　数	275 千字
版　　次	2023 年 1 月第 1 版
印　　次	2023 年 1 月第 1 次印刷
书　　号	ISBN　978 - 7 - 5766 - 0528 - 0
定　　价	68.00 元

本社图书若有印装质量问题，请直接与营销部联系，电话：025 - 83791830。

序
PREFACE

1980 年 E. Hoek 和 E. T. Brown 通过对几百组岩石三轴试验资料和大量现场岩体试验成果的统计分析，提出了迄今为止应用最为广泛、影响最大的岩石经验强度准则——Hoek-Brown 强度准则。2007 年我们基于 Hoek-Brown 强度准则和 Mogi 强度准则提出了广义三维非线性岩体(Generalized Zhang-Zhu，简称 GZZ)强度准则，该强度准则既考虑了中主应力对强度的影响，又完全继承了 Hoek-Brown 强度准则的优点，是真正意义上的三维 Hoek-Brown 强度准则，并被国际岩石力学与岩石工程学会(ISRM)确定为建议方法之一。

该书基于广义三维非线性岩体强度准则的理论框架，针对屈服面光滑性和全凸性的要求，修正了广义三维非线性岩体强度准则，构建了多段连续流动法则的三维本构模型；同时系统地阐明了岩体强度参数的确定方法，基于颗粒流方法对岩体强度参数进行了细观建模分析，并结合数据标准详细阐述了岩体强度参数的标准化工作。作者张琦是我们共同指导的博士研究生，以该书的内容为主所完成的博士论文获得 2014 年中国岩石力学与工程学会优秀博士学位论文奖和 2016 年上海市研究生优秀成果(博士学位论文)奖，相关研究成果作为重要内容获得了第十二届中国岩石力学与工程学会自然科学特等奖。

该书对广义三维非线性岩体强度准则的概念理论、参数获取和参数建模等进行了深入浅出、循序渐进的介绍，全文逻辑严谨、知识新颖、内容全面。书中的研究成果可推动广义三维非线性岩体强度准则的发展和应用，为我国岩体工程的建设提供强度理论支撑，相信该书的出版发行将为岩石力学与工程领域的科技工作者提供理论指导和应用参考。

Lianyang Zhang，Delbert R. Lewis Distinguished Professor，University of Arizona

同济大学 中国工程院院士 朱合华

2022 年 12 月 16 日

目　录
CONTENTS

1 绪 论

1.1 岩体

岩体是在成岩过程和后来的长期内外动力作用下,经过变形、破坏,形成一定的岩石成分和结构、赋存于一定的地质环境,并作为力学作用研究对象的地质体。它由被各种不连续的宏观地质界面(如层理、节理、片理、断层、破碎带、接触带、不整合面等)分割形成的不连续块体组成。这些地质界面统称为结构面,包括原生、次生和浅表生结构面三大类;岩体中被结构面切割成的块体称为结构体或岩块,简称岩石。狭义上,岩体是岩石的集合体,由岩块和结构面组成;而岩石是由比较稳定的一种或几种矿物所组成的固态集合体。广义上的岩体包括了完整岩石和狭义上的岩体。

岩体具有不连续性、非均质性、各向异性以及组成岩体的岩块具有可移动性,其力学性质受地质环境的控制作用,随着各项岩体工程的大规模兴建对岩体力学特性的研究逐渐展开。在岩体工程中,岩体强度预测、岩基承载力确定、岩质边坡和地下洞室围岩稳定性分析等均与岩体强度密切相关,岩体强度是岩石力学与工程中的最重要的研究内容。岩体强度的研究内容包括抗压、抗拉、抗剪(断)强度及岩石破坏、断裂的机理和强度准则。岩体强度理论是研究岩石材料在复杂应力状态下发生屈服或破坏规律的科学,通常采用强度准则对岩体的屈服、破坏进行判断。

1.2 经典强度准则

材料中任一点的应力、应变增长到某一极限时,该点就会发生破坏,表征材料破坏条件的应力状态与材料强度参数间的函数关系称为材料的强度准则(又称强度条件、破坏判据、强度判据)。诸多学者根据岩石等脆性材料的不同破坏机理,在大量的试验基础上,加以归纳、分析描述,提出了许多有应用价值的强度准则。

1.2.1 莫尔—库仑强度准则

Coulomb(1776)提出最大剪应力强度理论,即库仑(Coulomb)强度准则,Navier

(1839)在库仑强度理论的基础上,对包括岩石在内的脆性材料进行了大量的试验研究后完善了该准则,所以又被称为库仑—纳维(Navier)强度准则。Mohr(1900)通过对脆性材料进行大量的压剪破坏试验和分析之后,基于库仑强度准则提出了莫尔(Mohr)强度理论,形成了莫尔—库仑(Mohr-Coulomb)强度准则。

1) 库仑强度准则

库仑强度准则认为,固体内任一点发生剪切破坏时,破坏面上的剪应力等于或大于材料本身的抗剪强度和作用于该面上由正应力引起的摩擦阻力之和,如下:

$$|\tau| = c + f\sigma = c + \sigma\tan\varphi \tag{1-1}$$

式中:τ—破坏面上的剪应力;

c—黏聚力;

σ—破坏面上的正应力;

f,$\tan\varphi$—摩擦系数。

如图 1-1 所示,式(1-1)给出的破坏面上的剪应力在 σ-τ 平面上为直线 AB,称为库仑破坏线,该直线与 σ 轴的夹角 φ 即内摩擦角。库仑破坏线与莫尔应力圆的切点 D,代表最有可能发生破坏的应力状态。库仑强度准则是一个最简单、最重要的准则,该准则作为莫尔—库仑强度准则的重要组成部分,其强度参数有明确的物理意义,属于压剪准则。

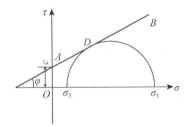

图 1-1　库仑强度准则示意图

2) 莫尔强度理论

莫尔强度理论认为,岩石不是在简单的应力状态下发生破坏,而是在不同的正应力和剪应力组合作用下。当岩石某个特定的面上作用的正应力与剪应力达到一定的数值时,随即发生破坏。莫尔没有给出作用在破坏面上的正应力 σ 和剪应力 τ 之间的具体表达式,仅给出了其隐函数形式如下:

$$|\tau| = f(\sigma) \tag{1-2}$$

根据莫尔强度理论的基本思想,莫尔强度准则可以用 σ-τ 直角坐标系下的一组极限莫尔应力圆的包络线来描述。因此,莫尔强度准则曲线的试验确定方法为:① 在 σ-τ 平面上,作一组不同应力状态下(其中,包括单轴抗拉和单向抗压)的极限莫尔应力圆;② 找出各莫尔应力圆上的破坏点;③ 如图 1-2 所示,用光滑曲线连接各破坏点,这条光滑曲线 AB 就是极限莫尔应力圆的包络线,也就是莫尔强度准则曲线。

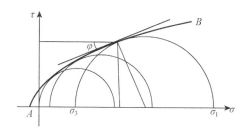

图 1-2 莫尔强度准则示意图

莫尔—库仑强度准则认为材料内某一点的破坏取决于其最大和最小主应力,能较全面地反映岩石等脆性材料的抗拉强度远小于抗压强度的特性,是岩石力学中应用广泛的经典岩石强度准则之一,简单实用,参数便于获取。但其最大的缺陷是忽略了中主应力对材料破坏的影响,且没有考虑结构面和静水压力引起的屈服特性。

1.2.2 格里菲思强度准则

Griffith(1921)认为在玻璃等固体脆性材料内部存在着许多随机分布、相互独立的微裂纹。在外力的作用下,当微裂纹尖端处的形变能达到某极值时,裂纹产生扩展、连接、贯通等现象,最终导致了材料的破坏。格里菲思(Griffith)在建立准则方程时做了如下假设:

① 在脆性材料内随机分布的微裂纹均为扁平椭圆形;

② 裂纹都呈张开、前后贯通状态,且互不相关;

③ 材料和裂纹都是各向同性;

④ 按平面应变问题处理,不计中主应力影响。

根据以上基本思想和基本假设,由能量原理推导出,裂纹开始扩展的条件如下:

$$\sigma_t = \sqrt{\frac{2U_1 E}{\pi(1-\nu^2)c}} \qquad (1-3)$$

式中:σ_t——使裂纹开始扩展时,裂纹尖端附近的拉应力;

U_1——裂纹扩展时的表面比能;

E、ν——弹模与泊松比;

c——裂纹长度之半。

这就是格里菲思强度理论的早期准则方程。由于其中的参数 U_1 和 c 较难确定,故该准则较难应用。

20 世纪 70 年代末格里菲斯强度准则被引入了岩石力学研究领域,从理论上解释了岩石内部的裂纹扩展等现象,并能较正确地说明岩石的破坏机理。为了便于工程应用,结合弹性力学中有关椭圆孔口的应力解,推导出用主应力表示的格里菲思准则如下:

$$
\begin{cases}
(\sigma_1-\sigma_3)^2=8\sigma_t(\sigma_1+\sigma_3), & \sigma_1+3\sigma_3>0, \\
\sigma_3=-\sigma_t, & \sigma_1+3\sigma_3\leqslant0,
\end{cases}
\tag{1-4}
$$

由式(1-4)在 $\sigma_1-\sigma_3$ 平面内绘图,如图 1-3 所示。当 $\sigma_1+3\sigma_3<0$ 时,格里菲思准则为平行于 σ_1 轴的直线 EF;当 $\sigma_1+3\sigma_3\leqslant0$ 时,格里菲思准则为抛物线 FGH,并在点 $F(3\sigma_t,-\sigma_t)$ 与直线 EF 相切。

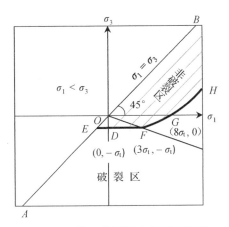

图 1-3　格里菲思强度准则示意图

格里菲斯准则是由 2 个分段函数表示的岩石类脆性材料的张拉破坏准则,它适用于单轴、多轴和拉、压组合等各种应力状态的破坏判断。格里菲思准则能反映岩石类脆性材料抗压强度大于抗拉强度多倍这一本质特征。

1.2.3　德鲁克—普拉格强度准则

Drucker 等(1952)提出了德鲁克—普拉格(Drucker-Prager)强度准则,是著名的米赛斯(Mises)强度准则的发展和推广。该类准则认为,当空间应力八面体上的剪应力达到某临界值时,材料就会产生破坏。德鲁克—普拉格强度准则的表达式如下:

$$
\alpha I_1+\sqrt{J_2}-K=0
\tag{1-5}
$$

式中:I_1——主应力之和,$I_1=\sigma_x+\sigma_y+\sigma_z=\sigma_1+\sigma_2+\sigma_3$;

J_2——应力偏量第二不变量,$J_2=\dfrac{1}{6}\left[(\sigma_x-\sigma_y)^2+(\sigma_y-\sigma_z)^2+(\sigma_z-\sigma_x)^2\right]+\tau_{xy}^2+\tau_{yz}^2+\tau_{zx}^2$;

α、K——仅与岩石内摩擦角 φ 和黏聚力 c 有关的材料参数。

如图 1-4(a)所示,在主应力空间内,德鲁克—普拉格强度准则的屈服面为圆锥体,其中心轴与坐标轴相倾斜。如图 1-4(b)所示,其不同数值的参数 α 和 K 对应的屈服曲线在偏平面上表现为不同大小的圆。而莫尔—库仑强度准则的屈服曲线在偏平面上表现为不规则六边形,该六边形的内角点外接德鲁克—普拉格圆表示纯拉伸情况($\sigma_1=\sigma_2=$

$0,\sigma_3=\sigma_t$),外角点外接德鲁克—普拉格圆表示纯压缩情况($\sigma_1=\sigma_c,\sigma_2=\sigma_3=0$)。

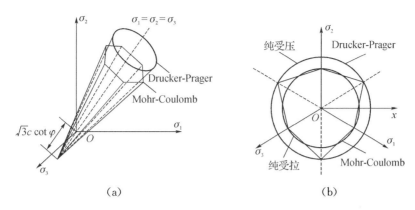

（a）　　　　　　　　　　（b）

图 1-4　德鲁克—普拉格强度准则示意图

该准则考虑了中主应力的影响和静水压力的屈服作用,克服了莫尔—库仑强度准则的主要弱点,被认为是较理想的岩石强度准则。其屈服曲面光滑,利于数值计算,在岩石力学与工程的数值分析中获得广泛的应用。

1.3　非线性岩体强度准则

Hoek 等(1980)根据岩石性状方面的理论研究成果和实践检验,通过对几百组岩石三轴试验资料和大量现场岩体试验成果的统计分析,提出了迄今为止应用最为广泛、影响最大的岩石强度准则——Hoek-Brown 强度准则,该强度准则是基于试验数据和工程经验提出的,是经验强度准则的代表之一,其表达式如下:

$$\sigma_1=\sigma_3+\sigma_c\left(m_i\frac{\sigma_3}{\sigma_c}+1\right)^{0.5} \tag{1-6}$$

式中:σ_1、σ_3—最大、最小压应力,MPa;

σ_c—岩石的单轴抗压强度,MPa;

m_i—针对不同岩石的无量纲经验参数,反映岩石的软硬程度,取值范围为 0.001~25。

Hoek 等(1992)对 Hoek-Brown 强度准则进行改进,使其适用于岩体,称之为广义Hoek-Brown 岩体强度准则,其表达式如下:

$$\sigma_1=\sigma_3+\sigma_c\left(m_b\frac{\sigma_3}{\sigma_c}+s\right)^a \tag{1-7}$$

式中:m_b—针对不同岩体的无量纲经验参数;

s—反映岩体破碎程度,取值范围 0~1.0,对于完整的岩体(即岩石)s 为 1.0;

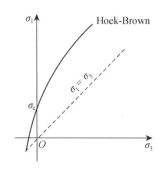

图 1－5　Hoek-Brown 强度准则

m_b，s，a—反映岩体特征的经验参数。

Hoek-Brown 强度准则可以反映岩石的固有非线性破坏的特点，以及结构面、应力状态对强度的影响，而且能解释低应力区、拉应力区和最小主应力对强度的影响，能沿用到各向异性岩体等。传统的 Hoek-Brown 强度准则有很多优点，但也存在一些不足，如不能考虑中主应力的影响等。

Zhang 等(2007)基于 Hoek-Brown 强度准则和 Mogi 强度准则，提出了一个真正意义上的三维 Hoek-Brown 岩石强度准则，其表达式如下：

$$\frac{9}{2\sigma_c}\tau_{oct}^2+\frac{3}{2\sqrt{2}}m_b\tau_{oct}-m_b\sigma_{m,2}=s\sigma_c \qquad (1-8)$$

式中：τ_{oct}—八面体剪应力；

$\sigma_{m,2}$—最大和最小主应力的平均值。

Zhang(2008)进一步完善该三维准则，进行广义扩展，提出了适用于岩体的广义三维非线性岩体强度准则，其表达式如下：

$$\frac{1}{\sigma_c^{(1/a-1)}}\left(\frac{3}{\sqrt{2}}\tau_{oct}\right)^{1/a}+\frac{m_b}{2}\left(\frac{3}{\sqrt{2}}\tau_{oct}\right)-m_b\sigma_{m,2}=s\sigma_c \qquad (1-9)$$

该广义三维非线性岩体强度准则既可以考虑到中主应力对强度的影响，又完全继承了 Hoek-Brown 强度准则的优点，在三轴压缩和三轴拉伸的条件下，都可以可简化为二维的广义 Hoek-Brown 岩体强度准则，是真正意义上的三维 Hoek-Brown 强度准则；可直接使用被大量工程和研究论证过的 Hoek-Brown 强度准则的参数。

该广义三维非线性岩体强度准则成为国际岩石力学与岩石工程学会(International Society for Rock Mechanics and Rock Engineering,ISRM)推荐的三维强度准则，被国际著名岩石力学专家 Priest 教授称为 Generalized Zhang-Zhu (GZZ)准则，并被广泛接受和引用。通过大量试验结果的验证 GZZ 准则为最优准则之一，且参数直接来自现场精细化采集。

1.4 主要内容

本书围绕"广义三维非线性岩体强度准则"这一主题,主要介绍岩体强度准则修正及验证、岩体强度准则本构模型、岩体强度准则参数确定、基于颗粒流参数建模和尺寸效应、岩体强度参数标准化等研究工作。本书的主要内容如下:

第 1 章　绪论

第 2 章　岩石和岩体强度准则

第 3 章　广义三维非线性岩体强度准则的修正及验证

第 4 章　修正广义三维非线性岩体强度准则的本构模型

第 5 章　广义三维非线性岩体强度准则的参数确定

第 6 章　广义三维非线性岩体强度准则的参数颗粒流建模

第 7 章　广义三维非线性岩体强度准则的参数尺寸效应

第 8 章　广义三维非线性岩体强度参数标准化

2 岩石和岩体强度准则

2.1 概述

为表征岩石强度破坏条件，学者建立了对复杂受力条件普遍适用、能够反映岩石破坏机理并表述岩石破坏规律的数学表达式，即岩石强度准则。对完整岩石的经验强度准则进行分析时，通常有两种试验方法。在室内岩样试验中，我们常常利用常规三轴试验对岩石进行力学分析，即 $\sigma_1 > \sigma_2 = \sigma_3$，研究围压（$\sigma_2 = \sigma_3$）对岩石变形、强度及破坏的影响。不考虑中主应力 σ_2 对于某些岩石力学分析一般不会产生太大的误差，也便于工程实践的应用。因此，二维准则的推导在过去相当普遍，如广泛应用的 Hoek-Brown 强度准则。另一种试验方法是真三轴试验（$\sigma_1 > \sigma_2 > \sigma_3$），主要研究的是中主应力 σ_2 对岩块强度的影响。关于中主应力 σ_2 对岩石强度的影响，Murrell(1963) 和 Handin 等(1967)发现常规三轴拉伸试验的岩石强度高于常规三轴压缩试验的岩石强度，为中主应力 σ_2 对岩石破坏起重要作用提供了有说服力的证据。随着真三轴试验的发展，越来越多的证据证明中主应力 σ_2 在许多情况下确实会影响岩石强度。因此，有必要对三维强度准则进行研究和探讨。

本章将主要从岩石和岩体的强度准则入手，介绍多种二维强度准则，主要对 Hoek-Brown 强度准则进一步讨论，总结当前学者基于 Hoek-Brown 强度准则的三维强度准则研究，详细介绍广义三维非线性岩体强度准则。

2.2 Bieniawski-Yudhbir 强度准则

Bieniawski(1974)提出的完整岩石的强度准则如下：

$$\frac{\sigma_1'}{\sigma_c} = 1 + b \left(\frac{\sigma_3'}{\sigma_c}\right)^{0.65} \tag{2-1}$$

式中：参数 b 可按表 2-1 取值。

表 2 - 1　Bieniawski-Yudhbir 强度准则中参数 b 的取值

岩石类型	b
凝灰岩、页岩、石灰岩	2
泥岩、粉砂岩	3
石英岩、砂岩、粗玄岩	4
苏长岩、花岗岩、石英闪长岩、黑硅石	5

基于联合石膏-硅藻土标本的试验,Yudhbir 等(1983)将完整岩石的强度准则表达式(式 2-1)改为适用于岩体的形式如下:

$$\frac{\sigma_1'}{\sigma_c} = a + b \left(\frac{\sigma_3'}{\sigma_c}\right)^{0.65} \tag{2-2}$$

式中:参数 a 取值可按式(2-3)确定;参数 b 由表 2-1 确定。

$$a = 0.017\ 6Q^{0.65} \quad 或 \quad a = \exp\left[7.65\left(\frac{RMR-100}{100}\right)\right] \tag{2-3}$$

式中:Q—Barton 等提出的岩体分级指数;

　　RMR—Bieniawski(1974)提出的岩体评级指标。

Kalamaras 等(1993)指出,a 和 b 应随 RMR 变化以获得更好的数值。他们提出了专用于煤层的标准(表 2-2)。

表 2 - 2　煤层岩体质量标准(Kalamaras et al. , 1993)

方程式	参数确定
$\dfrac{\sigma_1'}{\sigma_c} = a + 4\left(\dfrac{\sigma_3'}{\sigma_c}\right)^{0.6}$	$a = \exp\left(\dfrac{RMR-100}{14}\right)$
$\dfrac{\sigma_1'}{\sigma_c} = a + b\left(\dfrac{\sigma_3'}{\sigma_c}\right)^{0.6}$	$a = \exp\left(\dfrac{RMR-100}{12}\right), b = \exp\left(\dfrac{RMR+20}{52}\right)$

2.3　Johnston 强度准则

Johnston(1985)根据大量岩土材料的试验数据,从轻度超固结黏土到硬岩,提出了完整岩石的强度准则如下:

$$\sigma_{1n} = \left(\frac{M}{B}\sigma_{3n} + 1\right)^B \tag{2-4}$$

式中:σ_{1n}—通过将有效主应力 σ_1 除以相关的无侧限抗压强度 σ_c 得到的失效时的归一化有效主应力;

σ_{3n}——通过将有效主应力 σ_3 除以相关的无侧限抗压强度 σ_c 得到的失效时的归一化有效主应力；

B,M——完整的材料常数。

在 $\sigma_{3n}=0$ 的情况下，无侧限抗压强度可以通过式（2-5）表示。

令 B 的值等于1，该准则可简化如下：

$$\sigma_{1n}=M\sigma_{3n}+1 \tag{2-5}$$

式中：

$$M=\frac{1+\sin\varphi'}{1-\sin\varphi'} \tag{2-6}$$

这与标准化的莫尔—库仑准则相同。

然而实际上，描述强度准则的破坏包络线的非线性的参数 B 基本上与材料类型无关，而是无侧限抗压强度的函数，如下：

$$B=1-0.017\,2\,(\lg\sigma_c)^2 \tag{2-7}$$

$\sigma_{3n}=0$ 时，此时描述屈服面的斜率的参数 M 是无侧限抗压强度和材料类型的函数。对于在表 2-4 中列出的材料，M 可以通过公式估计出来（由于缺少数据，D 型材料不做估计），如下：

A 型材料 $\qquad\qquad\qquad M=2.065+0.170\,(\lg\sigma_c)^2 \tag{2-8a}$

B 型材料 $\qquad\qquad\qquad M=2.065+0.231\,(\lg\sigma_c)^2 \tag{2-8b}$

C 型材料 $\qquad\qquad\qquad M=2.065+0.270\,(\lg\sigma_c)^2 \tag{2-8c}$

E 型材料 $\qquad\qquad\qquad M=2.065+0.659\,(\lg\sigma_c)^2 \tag{2-8d}$

表 2-3　岩石类型

岩石类型	一般岩石类型	代表岩石类型
A	具有发育良好的晶体裂解能力的碳酸盐岩	白云石、石灰石、大理石
B	石灰岩	泥岩、粉砂岩、页岩、板岩
C	具有强晶体的晶体岩和发育不良的晶体裂纹	砂岩、石英岩
D	细粒多金属火成岩	安山岩、榴辉岩、辉绿岩、流纹岩
E	粗粒多金属火成岩和变质结晶岩	角闪岩、辉长岩、片麻岩、花岗岩、苏长岩、石英闪长岩

对于岩体，Johnston(1985)提出的强度准则如下：

$$\sigma_{1n}=\left(\frac{M}{B}\sigma_{3n}+s\right)^B \tag{2-9}$$

式中：σ_{1n}，σ_{3n}——通过将有效主应力 σ_1 和 σ_3 除以相关的无侧限抗压强度 σ_c 得到的失效时的归一化有效主应力；

　　　　B，M——完整的材料常数；

　　　　s——不连续土壤和岩体的强度的常数。

2.4　Ramamurthy 强度准则

Ramamurthy(1986,1993)、Ramamurthy 等(1985)修改了库仑理论来表示岩石的非线性剪切强度行为。对于完整岩石，提出强度准则如下：

$$\frac{\sigma_1 - \sigma_3}{\sigma_3} = B_r \left(\frac{\sigma_c}{\sigma_3} \right)^{\alpha_r} \tag{2-10}$$

式中：σ_1——主要有效应力；

　　　　σ_3——次要有效应力；

　　　　σ_c——无侧限抗压强度；

　　　　α_r——$(\sigma_1 - \sigma_3)/\sigma_3$ 和 σ_c/σ_3 之间的曲线的斜率，大多数完整岩石的平均值为 0.8；

　　　　B_r——完整岩石的材料常数，当 $\sigma_c/\sigma_3 = 1$ 时，等于 $(\sigma_1 - \sigma_3)/\sigma_3$；另根据岩石类型，$B_r$ 值可按表 2-4 取值。根据岩石类型，B_r 值可按表 2-3 取值。

表 2-4　对应于不同岩石的 B_r 的平均值

岩石类型	变质岩与沉积岩						火成岩	
	黏土质		砂质		化学质			
	粉砂岩	页岩	砂岩	石英岩	石灰岩	大理石	安山岩	花岗岩
	黏土	板岩			无水石膏	白云岩	闪长岩	紫苏花
	凝灰岩	泥岩			岩盐		苏长岩	岗岩
	黄土	黏土岩					流纹岩	
							玄武岩	
B_r	1.8	2.2	2.2	2.6	2.4	2.8	2.6	3.0
平均值	2.0		2.4		2.6		2.8	

在围岩压力大于岩石的无侧限抗压强度 σ_c 的 5% 时，可以通过进行至少两次三轴试验来估算 α_r 和 B_r 的值。上述表达式可应用于岩石的韧性区域和大部分脆性区域。当 σ'_3 小于 σ_c 的 5% 时，强度计算值较实际值偏低，同时也忽略了岩石的抗拉强度。为了计算抗拉强度，Ramamurthy 又提出公式如下：

$$\frac{\sigma'_1 - \sigma'_3}{\sigma'_3 + \sigma_t} = B \left(\frac{\sigma_c}{\sigma'_3 + \sigma_t} \right)^{\alpha} \tag{2-11}$$

式中：σ_t——从巴西圆盘测试中获得的岩石的抗拉强度；

α——0.67；

B——材料常数。

式(2-12)中 α 和 B 的值可以通过两个三轴试验得到。在无法进行试验的条件下，B 值可以估算为 $1.3(\sigma_c/\sigma_t)^{1/3}$。

对于岩体，强度准则与完整岩石具有相同的形式，即如下：

$$\frac{\sigma_1 - \sigma_3}{\sigma_3} = B_m \left(\frac{\sigma_{cm}}{\sigma_3}\right)^{\alpha_m} \tag{2-12}$$

式中：σ_{cm}——无侧限压缩下的岩体强度；

B_m——岩体的材料常数；

α_m——$(\sigma_1 - \sigma_3)/\sigma_3$ 和 σ_{cm}/σ_3 之间的曲线的斜率，对于岩体也可以假定为 0.8。

σ_{cm} 和 B_m 可以通过式(2-13)获得。

$$\sigma_{cm} = \sigma_c \exp\left(\frac{RMR - 100}{18.75}\right) \tag{2-13a}$$

$$B_m = B_r \exp\left(\frac{RMR - 100}{75.5}\right) \tag{2-13b}$$

2.5 Hoek-Brown 强度准则

2.5.1 Hoek-Brown 强度准则介绍

Hoek 等(1980)首次提出 Hoek-Brown 强度准则，可反映岩石破坏时极限主应力间的非线性经验关系，其表达式如下：

$$\sigma_1 = \sigma_3 + \sigma_c \left(m_i \frac{\sigma_3}{\sigma_c} + 1\right)^{0.5} \tag{2-14}$$

式中：σ_1、σ_3——最大、最小压应力，MPa；

σ_c——岩石的单轴抗压强度，MPa；

m_i——针对不同岩石的无量纲经验参数，反映岩石的软硬程度，取值范围为 0.001～25。

Hoek 等(1980)给出一个针对各类岩石 m_i 取值的初步指标，Hoek 等(1997)，Marinos 等(2001)结合大量来自工程地质学者的实验室数据和工程经验的积累，提出了各种岩石（质地和矿物成分）的详细 m_i 取值方法，后来经过 Zhang 等(2007)补充，最终结果见表 5-2。

Hoek 等(1992)在 1988 年对 Hoek-Brown 强度准则改进(Hoek et al.，1988)的基础上，提出了 Hoek-Brown 强度准则的最终改进形式。该准则可以应用于岩石和岩体，因

此被称为广义 Hoek-Brown 强度准则,其表达式如下:

$$\sigma_1 = \sigma_3 + \sigma_c \left(m_b \frac{\sigma_3}{\sigma_c} + s \right)^a \tag{2-15}$$

式中:m_b——针对不同岩体的无量纲经验参数;

　　s——反映岩体破碎程度,取值范围 $0 \sim 1.0$,对于完整的岩体(岩石)s 为 1.0;

　　m_b, s, a——反映岩体特征的经验参数。

广义 Hoek-Brown 岩体强度准则在原准则的基础上加入参数 s, a 是为了适用于质量较差的岩体,特别是在低应力条件下的岩体。1992 年提出的广义 Hoek-Brown 岩体强度准则使得该准则的研究对象从岩石转向具有实际意义的工程岩体。为了更加清楚阐述,本书中 Hoek-Brown 强度准则是 Hoek-Brown 岩石强度准则(1980)和广义 Hoek-Brown 岩体强度准则(1992)的总称。Hoek-Brown 岩石强度准则是广义 Hoek-Brown 岩体强度准则的一个特例。

2.5.2　Hoek-Brown 强度准则参数

Hoek 等(1988)基于 Bieniawski 岩体评分系统(RMR)提出了岩体参数 m_b, s, a 的取值方法。

1) 扰动岩体

$$m_b = \exp\left(\frac{RMR - 100}{14} \right) m_i \tag{2-16a}$$

$$s = \exp\left(\frac{RMR - 100}{6} \right) \tag{2-16b}$$

$$a = 0.5 \tag{2-16c}$$

2) 未扰动岩体

$$m_b = \exp\left(\frac{RMR - 100}{28} \right) m_i \tag{2-17a}$$

$$s = \exp\left(\frac{RMR - 100}{9} \right) \tag{2-17b}$$

$$a = 0.5 \tag{2-17c}$$

该取值方法基于岩体完全干燥和非常有利的非连续面倾向的假定,只适用于 RMR 大于 25 的岩体,但对非常破碎的岩体,如 RMR 小于 18(1976 年版 RMR)或小于 23(1989 年版 RMR),该取值方法是不适用的。为克服这一局限,Hoek 等(1994,1995)基于地质强度指标(GSI)提出了岩体参数 m_b, s, a 的取值方法。

（1）当 $GSI>25$，如质量较好的岩体

$$m_b = \exp\left(\frac{GSI-100}{28}\right)m_i \qquad (2-18a)$$

$$s = \exp\left(\frac{GSI-100}{9}\right) \qquad (2-18b)$$

$$a = 0.5 \qquad (2-18c)$$

（2）当 GSI$<$25，如非常破碎的岩体

$$m_b = \exp\left(\frac{GSI-100}{28}\right)m_i \qquad (2-19a)$$

$$s = 0 \qquad (2-19b)$$

$$a = 0.65 - \frac{GSI}{200} \qquad (2-19c)$$

Hoek 等（2002）引入一个新参数 D，基于地质强度指标（GSI）提出了可考虑爆破影响和应力释放的参数 m_b, s, a 的取值方法。D 反映的是爆破影响和应力释放引起扰动的程度，取值范围为 $0\sim1.0$，现场无扰动岩体为 0，而非常扰动岩体为 1.0。D 具体的分级指南详见表 $2-5$。

$$m_b = \exp\left(\frac{GSI-100}{28-14D}\right)m_i \qquad (2-20a)$$

$$s = \exp\left(\frac{GSI-100}{9-3D}\right) \qquad (2-20b)$$

$$a = 0.5 + \frac{1}{6}\left[\exp(-GSI/15) - \exp(-20/3)\right] \qquad (2-20c)$$

表 2-5 岩体参数 D 建议取值（Hoek et al.，2002）

岩体图像	岩体描述	D 建议取值
	采用质量优良的控制爆破或 TBM（全断面岩石隧道掘进机）开挖，对隧道围岩的扰动很小	$D=0$

岩体图像	岩体描述	D 建议取值
	① 质量很差的岩石通过机械或手掘的方式进行开挖(不爆破),对隧道围岩扰动很小 ② 挤压问题可能导致严重的底部隆起,如果不设置反拱,围岩扰动较大	$D=0$ $D=0.5$(无反拱)
	在硬岩隧道中采用质量很差的爆破开挖,引起隧道围岩局部损伤严重,范围在 2~3 m	$D=0.8$
	在土工边破上进行小规模的爆破会对岩体造成一定程度的破坏,尤其是如左图所示的控制爆破。地应力的释放会造成一定扰动	$D=0.7$(爆破良好) $D=1.0$(爆破不良)
	大型露天矿边坡由于生产爆破和地表层的开挖造成的应力释放,导致岩体受到较大扰动。对一些较软的岩体,通过翻挖和推土的方式进行开挖,对边坡的破坏程度较小	$D=1.0$(生产爆破) $D=0.7$(机械挖掘)

2.5.3　适用各向异性岩体的 Hoek-Brown 强度准则

Hoek 等(1997)指出,Hoek-Brown 强度准则适用于完整岩石和较破碎的多节理面岩体,而对几条主节理以主导作用的各向异性明显的岩体不能直接应用。如图 2-1 中,Hoek-Brown 强度准则对岩石、多不连续面和破碎节理岩体可以很好地适用,但对一条或几条比较明显的不连续面岩体则不是很合适。但在岩石工程中,各向异性岩体占很高的比重,一些研究者对 Hoek-Brown 强度准则进行修正以满足各向异性岩体的需要,对充实 Hoek-Brown 强度准则体系起到至关重要的作用。目前针对各向异性岩体的应用,主要有两种思路:一是考虑节理面的强度;二是对 Hoek-Brown 强度准则岩石和岩体参数进行改进,使其可以直接反映各向异性的影响。

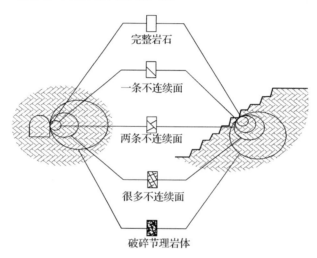

图 2-1　不同尺度下的岩石-岩体各向异性

1)单独考虑节理面强度

对于各向异性岩体,基于 Jaeger(1960)的单弱面理论采用岩石和节理面的参数分别确定来反映各向异性。Hoek(1983)最早提出这一解决思路,两组参数分别反映岩石和节理面,通过试运算确定破坏是由岩石还是由节理面承担。宋建波(2001)结合假定节理面滑动破坏遵循以 Coulomb 公式为主的结构面强度理论,简化 Hoek 方法,并通过试验数据验证了其可行性。刘东燕等(1998)基于断续节理岩体结构的力学效应和压剪断裂破坏特征,建立岩体强度参数与断续节理的几何尺寸、结构形式、岩桥和节理面物理力学参数之间的数学关系,以此来反映各向异性特征。何江达等(2001)运用断裂力学理论建立考虑节理力学因素的岩石参数的数学表达式。

2)Hoek-Brown 强度准则的岩石和岩体参数直接反映

诸多学者研究采用 Hoek-Brown 强度准则的岩石和岩体参数直接反映各向异性,如:Colak 等(2004)对岩石参数 m_i 进行改进,采用一个考虑节理面角度的幂函数反映各向异性的影响,如下:

$$\sigma_{1,\theta} = \sigma_3 + \sigma_{c,\theta}(m_{i,\theta}\frac{\sigma_3}{\sigma_{c,\theta}}+1)^{0.5} \tag{2-21}$$

式中:θ——引起破坏的主应力方向与各向异性面的夹角;

$\sigma_{c,\theta}$——走向角度 θ 条件下的单轴抗压强度;

$m_{i,\theta}$——走向角度 θ 条件下的 m_i 值。

参数 $m_{i,\theta}$ 的取值可以通过如下的表达式获得:

$$m_{i,\theta}/m_{i,90°} = 1 - A_1 e^{-[(\theta-B_1)/(C_1+D_1\theta)]^4} \tag{2-22}$$

式中:$m_{i,90°}$——θ 等于 $90°$ 条件下的 m_i 值;

A_1,B_1,C_1 和 D_1——通过试验数据统计拟合得到的参数。

Saroglou 等(2008)对参数 m_i 和岩石单轴抗压强度 σ_c 进行改进,对于强度 σ_c 采用的是三角函数反映各向异性的影响;Lee 和 Pietruszczak(2008)对参数 m_i 和 s 进行改进,采用考虑节理面角度的幂三角函数反映各向异性的影响。以上三种方法的可行性可分别通过一些试验数据得以验证。

2.6 广义三维非线性岩体强度准则

由于 Hoek-Brown 强度准则(Hoek et al.,1980,1992)没有考虑到中主应力对强度的影响,而越来越多的研究和工程实践证明中主应力对强度的影响。张永兴等(1995)、Pan 等(1988)、Singh 等(1998)、昝月稳等(2002)、Priest(2005)、Zhang 和 Zhu(2007)、Zhang(2008)、Melkoumian 等(2009)提出了一系列的三维 Hoek-Brown 类强度准则。

Pan 等(1988)基于 Hoek-Brown 强度准则(Hoek et al.,1980),提出了一个三维的 Hoek-Brown 类强度准则。表达式如下:

$$\frac{9}{2\sigma_c}\tau_{oct}^2 + \frac{3}{2\sqrt{2}}m_b\tau_{oct} - m_b\frac{I_1}{3} = s\sigma_c \tag{2-23}$$

式中:τ_{oct} 和 I_1 分别为八面体剪应力和第一应力不变量,表达式如下:

$$\tau_{oct} = \frac{1}{3}\sqrt{(\sigma_1-\sigma_2)^2+(\sigma_2-\sigma_3)^2+(\sigma_3-\sigma_1)^2} \tag{2-24}$$

$$I_1 = \sigma_1 + \sigma_2 + \sigma_3 \tag{2-25}$$

Singh 等(1998)基于广义 Hoek-Brown 岩体强度准则,提出了一个经验的可考虑中主应力的三维 Hoek-Brown 类强度准则。表达式如下:

$$\sigma_1 = \sigma_3 + \sigma_c\left[\frac{m_b(\sigma_2+\sigma_3)}{2\sigma_c}+s\right]^a \tag{2-26}$$

式中:σ_2——中间压应力,MPa。

昝月稳等(2002)结合 Hoek-Brown 强度准则和统一强度理论,提出一个适用于岩石的非线性统一强度准则。Hoek-Brown 强度准则和非线性双剪强度准则在 π 平面上构成了岩石屈服破坏面的内边界和外边界。该准则可以考虑中主力的影响,其子午线是非线性的,其参数与 Hoek-Brown 强度准则的参数一致,这一准则也可以推广到岩体或节理化岩体。

Priest(2005)基于广义 Hoek-Brown 岩体强度准则,结合 Drucker-Prager(D-P)强度准则,通过外接广义 Hoek-Brown 岩体强度准则的三轴拉伸破坏点的方法,经过一系列的数学迭代过程给定 D-P 强度准则中参数,提出了一个新的三维 Hoek-Brown 类强度准则如下:

$$J_2^{1/2} = AJ_1 + B \tag{2-27}$$

式中:A 和 B 为经验参数,$J_1 = I_1/3$ 为平均有效应力。

由于满足广义 Hoek-Brown 强度准则[式(2-15)]的三维应力状态为(σ_1,σ_3,σ_3),因此 A 和 B 参数是 Hoek-Brown 与 Drucker-Prager 破坏面相交的破坏点(σ_1,σ_3,σ_3)。确定参数 A 和 B 后,可以预测一般三维应力状态($\sigma_x \neq \sigma_y \neq \sigma_{zf}$)的材料强度 σ_{zf}。这个过程等同于给出库仑强度标准的外接拟合来确定 Drucker-Prager 参数。Priest(2005)最初建议使用数值程序来确定参数 A 和 B 以及强度 σ_{zf}。

Melkoumian 等(2009)在 Priest 提出的三维 Hoek-Brown 强度准则的基础上,给出了一个精确的数学过程给定 Drucker-Prager 强度准则中参数的方法,及 Priest 三维 Hoek-Brown 类准则的表达式,如下:

$$\sigma_1 = 3\sigma_p + \sigma_c \left(\frac{m_b \sigma_p}{\sigma_c} + s\right)^a - (\sigma_2 + \sigma_3) \tag{2-28}$$

$$\sigma_p = \frac{\sigma_2 + \sigma_3}{2} + \frac{-E + \sqrt{E^2 - F(\sigma_2 - \sigma_3)^2}}{2F} \tag{2-29}$$

式中:$E = 2C^a \sigma_c$,$F = 3 + 2aC^{a-1} m_b$,$C = s + \frac{m_b(\sigma_2 + \sigma_3)}{2\sigma_c}$。

Zhang 等(2007)基于 Hoek-Brown 强度准则和 Mogi 强度准则,提出了一个真正意义上的三维 Hoek-Brown 岩石强度准则。表达式如下:

$$\frac{9}{2\sigma_c}\tau_{oct}^2 + \frac{3}{2\sqrt{2}}m_b \tau_{oct} - m_b \sigma_{m,2} = s\sigma_c \tag{2-30}$$

式中:τ_{oct}——八面体剪应力;

$\sigma_{m,2}$——最大和最小主应力的平均值。

Zhang(2008)进一步完善该三维准则,进行广义扩展,提出了可以考虑岩体的广义三维非线性岩体强度准则。表达式如下:

$$\frac{1}{\sigma_c^{(1/a-1)}}\left(\frac{3}{\sqrt{2}}\tau_{\text{oct}}\right)^{1/a}+\frac{m_b}{2}\left(\frac{3}{\sqrt{2}}\tau_{\text{oct}}\right)-m_b\sigma_{m,2}=s\sigma_c \tag{2-31}$$

该三维 Hoek-Brown 强度准则既可以考虑到中主应力对强度的影响,又完全继承了 Hoek-Brown 强度准则的优点,在三轴压缩和三轴拉伸的条件下,都可以可简化为广义 Hoek-Brown 岩体强度准则,是真正意义上的三维 Hoek-Brown 强度准则;可直接使用被大量工程和研究论证过的 Hoek-Brown 强度准则的参数。但该三维 Hoek-Brown 强度准则的屈服面不能保持完全非凸性(图 2-2),特别是在三维拉伸情况下,对于一些应力路径会出现问题。故本书后续章节对该广义三维非线性岩体强度准则的屈服面进行修正,在修正广义三维非线性岩体强度准则的参数体系下开展参数研究。

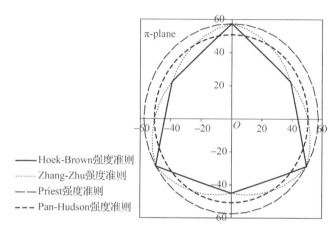

图 2-2 三维强度准则屈服面

2.7 本章小结

经过多年持续不断的发展,Hoek-Brown 强度准则得到不断的改进、修正和完善。基于 Hoek-Brown 强度准则的研究正朝着精细化、三维化、理论化和微观化等方向发展,已经从一个经验准则上升到一个理论体系。众多学者研究了 Hoek-Brown 强度准则和广义三维非线性岩体强度准则,并在 Hoek-Brown 强度准则(Hoek et al.,1980,1992)的参数确定方法的基础上,提出了适合于修正广义三维非线性岩体强度准则岩石 m_i 和岩体参数 m_b,s,a 确定方法。本章在理论研究的基础上提出基于 Hoek-Brown 强度准则的工程应用算例,将 Hoek-Brown 准则应用于实际工程中,探讨 Hoek-Brown 强度准则在实际工程中的适用情况,从各个角度多方位地对岩石和岩体进行较全面的评价,尽可能贴近工程实际,方便应用于实际工程。

在 Hoek-Brown 强度准则不断完善的同时也出现了一些问题,亟待学者们进行研究。

① 随着岩体工程分析与设计的不断精细化,对岩体参数的确定提出更高的要求,如

何进一步基于 Hoek-Brown 强度准则和工程实际情况获取更加精确的岩体参数是研究者们孜孜以求的方向。

② Hoek-Brown 强度准则是过去 30 年的岩体工程理论研究和工程经验的积累，但未来会遇到更加复杂与特殊的岩体工程，需要对这些工程中的经验进行积累，继续充实 Hoek-Brown 强度准则体系。

③ 在复杂的岩体工程问题面前，传统的数学解析方法显得越来越无力，实验室模拟试验也具有操作困难、经济性差的缺点，采用大型三维的数值软件来解决岩体工程问题是未来发展趋势，这要求构建更能接近工程实际的基于三维 Hoek-Brown 强度准则本构模型。

3 广义三维非线性岩体强度准则的修正及验证

Zhang 等(2007)提出了一个真正意义上的三维 Hoek-Brown(Hoek-Brown)强度准则,Zhang(2008)将其广义扩展后可以同时应用于岩石和岩体,这个准则具有 Mogi(1971)强度准则表达式简洁的特点,可以直接使用 Hoek-Brown 强度准则的参数并且在三轴压缩和拉伸条件下可以退化到广义 Hoek-Brown 岩体强度准则。该准则已经通过大量的岩石和岩体真三轴数据的验证,具有较好的强度预测精度等优点。但是该准则的屈服面在三轴压缩和拉伸条件下不光滑,并且在三轴拉伸条件下是凹形的,这会导致在某些应力路径上会出现问题,不便于数值应用。

本章首先研究广义三维非线性岩体强度准则的 Lode 势函数,对该准则屈服面的非光滑性和非全凸性的原因进行探讨;在此基础上采用三种光滑并且满足全凸性的 Lode 势函数对广义三维非线性岩体强度准则进行修正,并利用已有文献中收集的大量岩石和岩体的真三轴压缩试验数据进行屈服面的光滑性和全凸性、强度预测精度的验证工作;最后对修正广义三维非线性岩体强度准则的参数进行最佳拟合,通过与 Hoek-Brown 强度准则(Hoek et al.,1980,1992)的参数进行对比,提出修正广义三维非线性岩体强度准则参数的确定方法。

3.1 三维 Hoek-Brown 强度准则比较

Hoek-Brown 强度准则(Hoek et al.,1980,1992)没有考虑到中主应力对强度的影响,而越来越多的研究和工程实践证明了中主应力对强度的影响,张永兴等(1995)、Pan 等(1998)、Singh 等(1998)、昝月稳等(2002)、Priest(2005)、Zhang 等(2007)、Zhang(2008)、Melkoumian 等(2009)等提出了一系列的三维 Hoek-Brown 强度准则,2.5 节中已经对此做出了详细介绍。

为了方便、直观地研究强度准则的屈服面,将强度准则以 I_1,J_2 和 θ_σ 的形式进行表达,表达式如下:

$$I_1 = \sigma_1 + \sigma_2 + \sigma_3 \tag{3-1}$$

$$J_2 = \frac{1}{6}\left[(\sigma_1 - \sigma_2)^2 + (\sigma_2 - \sigma_3)^2 + (\sigma_3 - \sigma_1)^2\right] \tag{3-2}$$

$$\theta_\sigma = \arctan\left[\frac{\sigma_1 + \sigma_3 - 2\sigma_2}{\sqrt{3}(\sigma_1 - \sigma_3)}\right] \tag{3-3}$$

反之可以得到 σ_1, σ_2 和 σ_3 与 I_1, J_2 和 θ_σ 的关系式,如下:

$$
\begin{bmatrix} \sigma_1 \\ \sigma_2 \\ \sigma_3 \end{bmatrix} = -\frac{2}{\sqrt{3}}\sqrt{J_2} \begin{bmatrix} \sin(\theta_\sigma - \frac{2}{3}\pi) \\ \sin(\theta_\sigma) \\ \sin(\theta_\sigma + \frac{2}{3}\pi) \end{bmatrix} + \begin{bmatrix} I_1/3 \\ I_1/3 \\ I_1/3 \end{bmatrix} \tag{3-4}
$$

式中:以压为正。

1) 广义 Hoek-Brown 强度准则

结合式(2-15)和式(3-4),广义 Hoek-Brown 强度准则(Hoek et al.,1992)以 I_1, J_2 和 θ_σ 的形式表达如下:

$$
F = \frac{1}{\sigma_c^{(1/a-1)}}(2\cos\theta_\sigma \sqrt{J_2})^{1/a} + \left(\cos\theta_\sigma - \frac{\sin\theta_\sigma}{\sqrt{3}}\right)m_b \sqrt{J_2} - m_b \frac{I_1}{3} - s\sigma_c = 0 \tag{3-5}
$$

当 $a=0.5$, $s=1$ 时,式(3-5)可以通过 I_1, J_2 和 θ_σ 的形式转化为 Hoek-Brown 强度准则(Hoek et al.,1980),如下:

$$
F = \frac{4\cos^2\theta_\sigma}{\sigma_c}J_2 + \left(\cos\theta_\sigma - \frac{\sin\theta_\sigma}{\sqrt{3}}\right)m_b \sqrt{J_2} - m_b \frac{I_1}{3} - \sigma_c = 0 \tag{3-6}
$$

2) Pan-Hudson 强度准则

结合式(2-23)和式(3-4),Pan-Hudson 强度准则以 I_1, J_2 和 θ_σ 的形式表达如下:

$$
F = \frac{3}{\sigma_c}J_2 + \frac{\sqrt{3}}{2}m_b \sqrt{J_2} - m_b \frac{I_1}{3} - s\sigma_c = 0 \tag{3-7}
$$

3) 广义三维非线性岩体强度准则(GZZ)

结合式(2-31)和式(3-4),广义三维非线性岩体强度准则以 I_1, J_2 和 θ_σ 的形式表达如下:

$$
F = \frac{1}{\sigma_c^{(1/a-1)}}(\sqrt{3J_2})^{1/a} + \left(\frac{\sqrt{3}}{2} - \frac{\sin\theta_\sigma}{\sqrt{3}}\right)m_b \sqrt{J_2} - m_b \frac{I_1}{3} - s\sigma_c = 0 \tag{3-8}
$$

当 $a=0.5$ 时,式(3-8)可以通过 I_1, J_2 和 θ_σ 的形式转化为三维 Hoek-Brown 岩石强度准则如下:

$$
F = \frac{3}{\sigma_c}J_2 + \left(\frac{\sqrt{3}}{2} - \frac{\sin\theta_\sigma}{\sqrt{3}}\right)m_b \sqrt{J_2} - m_b \frac{I_1}{3} - s\sigma_c = 0 \tag{3-9}
$$

对比式(3-5)和式(3-8),可以发现广义三维非线性岩体强度准则是广义 Hoek-Brown 强度准则的简化形式(当 $\cos\theta_\sigma$ 等于 $\sqrt{3}/2$ 时),而当三轴拉伸($\theta_\sigma = -\pi/6$)条件和三轴压缩($\theta_\sigma = \pi/6$)条件下,$\cos\theta_\sigma$ 都等于 $\sqrt{3}/2$,所以解释了广义三维非线性岩体强度准则可以在三轴拉伸和压缩条件下退化广义 Hoek-Brown 强度准则的根本原因。对比式(3-7)和式(3-8),发现 Pan-Hudson 强度准则是广义三维非线性岩体强度准则在 θ_σ 等于 0 时的一个特例。所以 Pan-Hudson 强度准则和广义三维非线性岩体强度准则在 θ_σ 等于 0 时可以得到相同的预测强度;在三轴拉伸($\theta_\sigma = -\pi/6$)条件下,与广义 Hoek-Brown 强度准则相比,Pan-Hudson 强度准则过低的预测强度;在三轴压缩($\theta_\sigma = \pi/6$)条件下,与广义 Hoek-Brown 强度准则相比,Pan-Hudson 强度准则过高的预测强度。

3.2 广义三维非线性岩体强度准则修正原则

总结先前研究者的研究成果(Bardet,1990)发现,Lode 势函数控制着强度准则的屈服面形状。要解决广义三维非线性岩体强度准则屈服面的不光滑和非全凸性的问题,首先要给出屈服面连续、光滑和全凸性的 Lode 势函数需要满足的条件。

3.2.1 光滑和全凸性的屈服面 Lode 势函数满足条件

Bardet(1990)给出了屈服面连续、光滑和全凸性的 Lode 势函数需要满足条件,如下:

1)屈服面的拉压比

屈服面的拉压比如下:

$$L(-\pi/6)=\delta, \quad L(\pi/6)=1 \tag{3-10}$$

式中:$L(\theta_\sigma)$——Lode 势函数,变化范围为 $0.5 \sim 1$;

δ——屈服面上的拉压比,三轴拉伸($\theta_\sigma = -\pi/6$)条件和三轴压缩($\theta_\sigma = \pi/6$)条件下对应的 Lode 势函数的比值,决定了强度准则的屈服面形状。

2)光滑屈服面的条件

光滑的屈服面需要满足的条件如下:

$$L'(\pm\pi/6)=0 \tag{3-11}$$

式中:$L(\theta_\sigma)$满足可微分。

3)全凸屈服面的条件

屈服面全凸性基于 Drucker 稳定性假定(Drucker,1951)。其全凸的屈服面需要满足的条件如下(Lin et al.,1986;Jiang et al.,1988):

$$\frac{\mathrm{d}^2 L(\theta_\sigma)}{\mathrm{d}\theta_\sigma^2} < L(\theta_\sigma) + \frac{2}{L(\theta_\sigma)}(L'(\theta_\sigma))^2 \tag{3-12}$$

3.2.2 广义三维非线性岩体强度准则 Lode 势函数分析

根据以 I_1, J_2 和 θ_σ 的形式表达的广义三维非线性岩体强度准则[式(3-8)],不同 Lode 角度对应的 $\sqrt{J_2}$ 和 Lode 势函数可由下面一系列的关系式得到:

$$\delta = \sqrt{J_{\min}/J_{\max}} = \sqrt{J_2(-\pi/6)/J_2(\pi/6)} \tag{3-13}$$

当 $a \neq 0.5$ 时,不同 Lode 角度对应的 $\sqrt{J_2}$ 没有明确的表达式,只能通过数值方法获得。但当 $a = 0.5$ 时,$\sqrt{J_2}$ 有明确的表达式,如下:

$$\sqrt{J_2} = \frac{\sqrt{(4\sin^2\theta_\sigma - 12\sin\theta_\sigma + 9)m_b^2\sigma_c^2 + 48m_b\sigma_c I_1 + 144s\sigma_c^2} - (3 - 2\sin\theta_\sigma)m_b\sigma_c}{12\sqrt{3}}$$

$$(3 - 14)$$

当 $\theta_\sigma = \pi/6$ 时,$\sin\theta_\sigma = 0.5$ 并且 $J_2 = J_{\max}$,$J_{\max}$ 表达式如下:

$$\sqrt{J_{\max}} = \frac{1}{6\sqrt{3}}\left(\sqrt{m_b^2\sigma_c^2 + 12m_b\sigma_c I_1 + 36s\sigma_c^2} - m_b\sigma_c\right) \tag{3-15}$$

当 $\theta_\sigma = -\pi/6$ 时,$\sin\theta_\sigma = -0.5$ 并且 $J_2 = J_{\min}$,$J_{\min}$ 表达式如下:

$$\sqrt{J_{\min}} = \frac{1}{3\sqrt{3}}\left(\sqrt{m_b^2\sigma_c^2 + 3m_b\sigma_c I_1 + 9s\sigma_c^2} - m_b\sigma_c\right) \tag{3-16}$$

结合式(3-15)和式(3-16),屈服面的拉压比 δ 表达式如下:

$$\delta = \sqrt{\frac{J_{\min}}{J_{\max}}} = \frac{2\sqrt{m_b^2\sigma_c^2 + 3m_b\sigma_c I_1 + 9s\sigma_c^2} - 2m_b\sigma_c}{\sqrt{m_b^2\sigma_c^2 + 12m_b\sigma_c I_1 + 36s\sigma_c^2} - m_b\sigma_c} \tag{3-17}$$

类似地得到当 $a = 0.5$ 时,GZZ 强度准则的 Lode 势函数如下:

$$L(\theta_\sigma) = \frac{\sqrt{J_2}}{\sqrt{J_{\max}}} = \frac{\sqrt{(4\sin^2\theta_\sigma - 12\sin\theta_\sigma + 9)m_b^2\sigma_c^2 + 48m_b\sigma_c I_1 + 144s\sigma_c^2} - (3 - 2\sin\theta_\sigma)m_b\sigma_c}{2\left(\sqrt{m_b^2\sigma_c^2 + 12m_b\sigma_c I_1 + 36s\sigma_c^2} - m_b\sigma_c\right)}$$

$$(3 - 18)$$

当 $a = 0.5$ 时,GZZ 强度准则的 Lode 势函数的微分如下:

$$L'(\theta_\sigma) = \frac{\dfrac{(8\sin\theta_\sigma\cos\theta_\sigma - 12\cos\theta_\sigma)m_b^2\sigma_c^2}{2\sqrt{(4\sin^2\theta_\sigma - 12\sin\theta_\sigma + 9)m_b^2\sigma_c^2 + 48m_b\sigma_c I_1 + 144s\sigma_c^2}} + 2\cos\theta_\sigma m_b\sigma_c}{2\left(\sqrt{m_b^2\sigma_c^2 + 12m_b\sigma_c I_1 + 36s\sigma_c^2} - m_b\sigma_c\right)}$$

$$(3 - 19)$$

通过对式(3-19)推导,发现在三轴拉伸($\theta_\sigma = -\pi/6$)条件和三轴压缩($\theta_\sigma = \pi/6$)条件下,$L'(\theta_\sigma)$ 都不等于 0,所以不能满足屈服面的光滑条件。通过进一步的推导,在三轴拉伸($\theta_\sigma = -\pi/6$)条件下也不能满足屈服面的全凸性条件。屈服面的非全凸性是 Mogi (1971)类强度准则的通病,尤明庆(2007)和 Benz 等(2008a,2008b)都指出了 Mogi (1971)类强度准则屈服面的非全凸性。

3.3 修正广义三维非线性岩体强度准则

在 3.2 节中研究了广义三维非线性岩体强度准则的屈服面不光滑和非全凸性的原

因,如果采用广义三维非线性岩体强度准则的 Lode 势函数,将不可避免的导致屈服面不光滑和非全凸性。对广义三维非线性岩体强度准则进行屈服面的修正,可以采用光滑、全凸性的 Lode 势函数来代替广义三维非线性岩体强度准则的 Lode 势函数。很多研究者提出多种满足光滑性、全凸性的 Lode 势函数,本节提出对广义三维非线性岩体强度准则进行屈服面修正的三种 Lode 势函数,这三种 Lode 势函数的屈服面都已经被验证过能满足光滑性、全凸性。

William 等(1975)提出一种椭圆形的 Lode 势函数(E-D),如下:

$$L(\theta_\sigma)_{\text{E-D}} = \frac{2(1-\delta^2)\cos(\pi/6+\theta_\sigma) + (2\delta-1)\sqrt{4(1-\delta^2)\cos^2(\pi/6+\theta_\sigma) + \delta(5\delta-4)}}{4(1-\delta^2)\cos^2(\pi/6+\theta_\sigma) + (2\delta-1)^2}$$

$$(3-20)$$

Yu(1990)提出一种双曲线型的 Lode 势函数(H-D),如下:

$$L(\theta_\sigma)_{\text{H-D}} = \frac{2\delta(1-\delta^2)\cos(\pi/6-\theta_\sigma) + \delta(\delta-2)\sqrt{4(\delta^2-1)\cos^2(\pi/6-\theta_\sigma) + (5-4\delta)}}{4(1-\delta^2)\cos^2(\pi/6-\theta_\sigma) - (\delta-2)^2}$$

$$(3-21)$$

Matsuoka 和 Nakai(1974)提出基于空间滑移面(SMP)的 Lode 势函数(S-D),如下:

$$L(\theta_\sigma)_{\text{S-D}} = \frac{\sqrt{3}\delta}{2\sqrt{\delta^2-\delta+1}}\frac{1}{\cos\gamma}$$

$$(3-22)$$

式中:$\begin{cases} \gamma = \dfrac{1}{6}\arccos\left[-1 + \dfrac{27\delta^2(1-\delta)^2}{2(\delta^2-\delta+1)^3}\sin^2(3\theta_\sigma)\right], & \theta_\sigma \leqslant 0, \\ \gamma = \dfrac{\pi}{3} - \dfrac{1}{6}\arccos\left[-1 + \dfrac{27\delta^2(1-\delta)^2}{2(\delta^2-\delta+1)^3}\sin^2(3\theta_\sigma)\right], & \theta_\sigma > 0. \end{cases}$

在式(3-20)到式(3-22)中,屈服面拉压比 δ 可以由式(3-13)中获得,Lode 角 θ_σ 可以由式(3-3)中获得。

采用式(3-20)到式(3-22)中的 Lode 势函数来代替广义三维非线性岩体强度准则的 Lode 势函数,对广义三维非线性岩体强度准则进行修正(Zhang et al.,2013),修正后的准则表达式如下:

$$\sqrt{J_2} = L(\theta_\sigma)_{\text{X-D}}\sqrt{J_{\max}}$$

$$(3-23)$$

式中:X 为 E,H,或 S,分别为椭圆形 Lode 势函数,双曲线型 Lode 势函数和空间滑移面 Lode 势函数。

当 $a=0.5$ 时,式(3-3),式(3-13)到式(3-18)中给出了明确的表达式,如果给定中主应力 σ_2 和最小主应力 σ_3,就可以结合式(3-23)计算出最大主应力 σ_1。但是在实际的岩石工程中,研究的对象是众多的岩体($a\neq0.5$),而此时修正广义三维非线性岩体强度准则没有明确的表达式,只能通过数值方法进行应用。

下面给出了修正广义三维非线性岩体强度准则在岩体中应用过程。具体步骤如下：

① 设定一个最大主应力的初始值 σ'_1，通常假定 σ'_1 等于中主应力 σ_2 作为输入值；

② 计算 I_1，结合式(3-1)，代入中主应力 σ_2 和最小主应力 σ_3；

③ 计算 $J_{\max}$ 和 $J_{\min}$，结合式(3-8)和 Hoek-Brown 强度准则的参数 m_b, s, a，当 $\theta_\sigma=\pi/6$ 和 $\sin\theta_\sigma=0.5$ 求解 $J_{\max}$，当 $\theta_\sigma=-\pi/6$ 和 $\sin\theta_\sigma=-0.5$ 求解 $J_{\min}$；

④ 计算屈服面的拉压比 δ，结合式(3-13)；

⑤ 计算最大主应力 σ_1，结合式(3-23)以及式(3-20)到式(3-22)中所给出的不同的 Lode 势函数；

⑥ 计算差值如下：

$$|\sigma_1-\sigma'_1|<\varepsilon \qquad (3-24)$$

式中：ε 通常设为 0.01 MPa；

⑦ 如果式(3-24)能够满足，σ_1 即为基于修正广义三维非线性岩体强度准则，给定中主应力 σ_2 和最小主应力 σ_3，所预测出的最大主应力值。如果式(3-24)不能够满足，将 σ_1 赋值给 σ'_1，重复整个过程，直到式(3-24)能够满足。

图 3-1 给出了基于修正广义三维非线性岩体强度准则，给定中主应力 σ_2 和最小主应力 σ_3，进行最大主应力 σ_1 预测的数值方法的流程图。

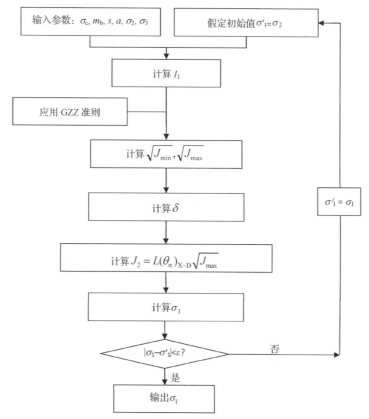

图 3-1 修正广义三维非线性岩体强度准则进行最大主应力 σ_1 预测数值方法的流程图

3.4 修正广义三维非线性岩体强度准则的验证

本节先对三种修正广义三维非线性岩体强度准则进行屈服面光滑和全凸性验证，然后对岩石和岩体强度的预测精度进行验证和评价。

3.4.1 修正广义三维非线性岩体强度准则光滑和全凸性验证

为了验证三种修正广义三维非线性岩体强度准则屈服面的光滑性和全凸性，选择三种围岩情况：一种为岩石（GSI 为 100），另外两种为岩体（GSI 为 75 和 40）。三种情况对应的 Hoek-Brown 强度准则参数在表 3 - 1 中列出，Hoek-Brown 强度准则参数 $m_i, m_b, s,$ a 通过式（2 - 20a）到式（2 - 20c）获得。

表 3 - 1　三种围岩情况对应的 Hoek-Brown 强度参数

例	GSI	m_i	D	m_b	s	a	I_1/MPa	类别
1（图 3 - 2）	100	15	0	15	1	0.5	300	岩石
2（图 3 - 3）	75	15	0	6.142 3	0.062 2	0.500 9	300	岩体
3（图 3 - 4）	40	15	0	1.759 8	0.001 3	0.511 4	300	岩体

图 3 - 2、图 3 - 3 及图 3 - 4 中给出三种情况下，广义三维非线性岩体强度准则（Z-Z），基于椭圆形 Lode 势函数（E-D），双曲线型 Lode 势函数（H-D）和空间滑移面 Lode 势函数

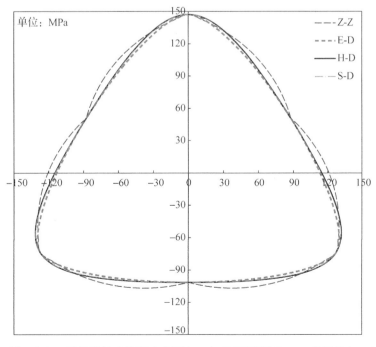

图 3 - 2　例 1 广义三维非线性岩体强度准则（Z-Z），基于椭圆形 Lode 势函数（E-D）、双曲线型 Lode 势函数（H-D）和空间滑移面 Lode 势函数（S-D）修正强度准则的屈服面形状

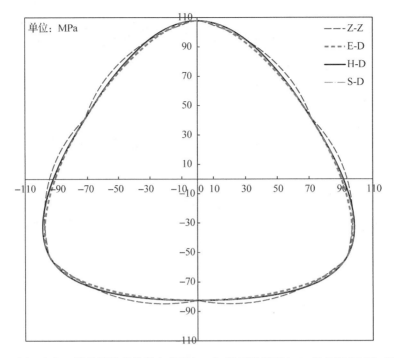

图 3 - 3　例 2 广义三维非线性岩体强度准则(Z-Z),基于椭圆形 Lode 势函数(E-D)、双曲线型 Lode 势函数(H-D)和空间滑移面 Lode 势函数(S-D)修正强度准则的屈服面形状

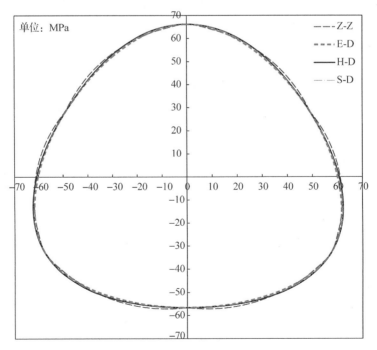

图 3 - 4　例 3 广义三维非线性岩体强度准则(Z-Z),基于椭圆形 Lode 势函数(E-D)、双曲线型 Lode 势函数(H-D)和空间滑移面 Lode 势函数(S-D)修正强度准则的屈服面形状

(S-D)修正强度准则的屈服面形状。可以明显看出,在三轴拉伸和压缩条件下,三个修正强度准则和广义三维非线性岩体强度准则具有相同的强度预测值。稍有些差别的是,在三轴压缩条件附近,三个修正强度准则比广义三维非线性岩体强度准则给出稍微高一些的强度预测值;在三轴拉伸条件附近,三个修正强度准则比广义三维非线性岩体强度准则给出稍微低一些的强度预测值,在下小节会进行更加详细的强度预测精度的比较和评价。

3.4.2 修正广义三维非线性岩体强度准则预测精度验证

1) 岩石三轴压缩试验验证

Zhang 等(2007)、Zhang(2008)应用 5 组真三轴压缩试验数据对所提出的广义三维非线性岩体强度准则进行了验证工作,包括 5 种不同的岩石:KTB 闪岩、Westerly 花岗岩、Dunham 白云岩、Apache Leap 凝灰岩、Mizuho 粗面岩(Wang et al.,1995;Chang et al.,2000;Ajmi et al.,2005;Mogi,1971;Haimson et al.,2000;Colmenares et al.,2002),在本节中修正强度准则的预测精度评价采用相同的数据,详细数据在表 3-2 到表 3-6 中给出。

Zhang 等(2007)、Zhang(2008)给出了基于广义三维非线性岩体强度准则的参数 m_i 最佳拟合值,分别为 31,35,10,18 和 11。对于岩石,参数 s 为 1,a 为 0.5。三种修正强度准则采用相同的强度准则参数进行最大主应力 σ_1 的预测,预测值在表 3-2 到表 3-6 中给出。为了比较三种修正强度准则和广义三维非线性岩体强度准则的预测精度,将 5 组试验数据的预测误差也在表 3-2 到表 3-6 中列出,预测误差计算方法如下:

$$S = \frac{\sqrt{\dfrac{1}{n}\sum_{i=1}^{n}(\sigma_{1,\text{预测}} - \sigma_{1,\text{试验}})^2}}{(\sigma_{1,\text{试验}})_{\text{average}}} \tag{3-25}$$

式中:S—预测误差;

n—试验数据个数。

基于 5 组试验数据,对广义三维非线性岩体强度准则和三种修正强度准则的预测误差在图 3-5 中进行了总结。

为了进一步研究屈服面的形状和预测精度,需要一些相同第一应力不变量 I_1 的数据点,但是这样的数据点很难找到,只能进行近似处理。选取 10% 第一应力不变量 I_1 范围内的数据点,这些数据点在表 3-2 到表 3-6 中用"*"标示。在图 3-6 到图 3-10 中给出 5 组岩石真三轴数据,和广义三维非线性岩体强度准则(Z-Z),基于椭圆形 Lode 势函数(E-D),双曲线型 Lode 势函数(H-D)和空间滑移面 Lode 势函数(S-D)修正强度准则的屈服面,以±5% 的第一应力不变量 I_1 的屈服面作为上下边界。修正强度准则的屈服面非常接近于广义三维非线性岩体强度准则的屈服面,特别在三轴压缩附近;在三轴拉伸条件下广义三维非线性岩体强度准则比修正强度准则具有稍高的强度预测值。所有的三轴试验数据位于屈服面的上下边界之间证明了修正广义三维非线性岩体强度准则具有非常好的强度预测精度。

表 3－2　KTB 闪岩真三轴试验数据和 σ_1 预测值

σ_1/MPa	σ_2/MPa	σ_3/MPa	σ_1 (Z-Z)	σ_1 (S-D)	σ_1 (E-D)	σ_1 (H-D)
165	0	0				
346	79	0	364	231	207	235
291	149	0	458	286	283	286
347	197	0	500	518	360	365
267	229	0	256	415	410	416
410	30	30	455	455	455	455
479	60	30	510	529	506	529
599	100	30	572	576	535	580
652	200	30	688	602	559	611
571	249	30	730	592	557	600
637	298	30	763	572	561	579
702	60	60	638	638	638	638
750	88	60	682	684	687	700
766	103	60	702	724	703	725
745	155	60	767	781	740	784
816	199	60	815	807	759	813
888*	249	60	862	820	771	830
828*	299	60	902	822	776	833
887*	347	60	934	815	774	826
954*	399	60	962	800	767	810
815*	449	60	981	750	754	786
868	100	100	834	834	834	834
959*	164	100	915	941	919	942
1 001*	199	100	953	978	945	981
945*	248	100	1 004	1 014	970	1 020
892*	269	100	1 022	1 025	979	1 033

续表

σ_1/MPa	σ_2/MPa	σ_3/MPa	σ_1(Z-Z)	σ_1(S-D)	σ_1(E-D)	σ_1(H-D)
1 048*	300	100	1 048	1 038	988	1 047
1 058	349	100	1 086	1 050	999	1 061
1 155	442	100	1 145	1 050	1 005	1 064
1 118	597	100	1 201	1 065	1 052	1 069
1 147*	150	150	1 041	1 041	1 041	1 041
1 065*	198	150	1 097	1 120	1 109	1 121
1 112	199	150	1 098	1 121	1 110	1 122
1 176	249	150	1 150	1 180	1 154	1 183
1 431	298	150	1 197	1 222	1 185	1 227
1 326	348	150	1 239	1 252	1 208	1 260
1 169	399	150	1 278	1 274	1 224	1 284
1 284	448	150	1 312	1 286	1 235	1 298
1 265	498	150	1 342	1 292	1 242	1 306
1 262	642	150	1 407	1 279	1 239	1 294
预测误差/%			9.98	8.99	9.84	8.18

注:表中标有 * 号的为图 3-6 中数据点。

表 3-3 Westerly 花岗岩真三轴试验数据和 σ_1 预测值

σ_1/MPa	σ_2/MPa	σ_3/MPa	σ_1(Z-Z)	σ_1(S-D)	σ_1(E-D)	σ_1(H-D)
201	0	0				
306	40	0	340	293	246	296
301	60	0	390	296	251	299
317	80	0	433	291	253	295
304	100	0	471	282	252	285
231	2	2	235	235	235	235
300	18	2	295	303	269	304
328	40	2	360	323	284	336
359	60	2	408	341	291	345
353	80	2	450	340	295	345
355	100	2	487	335	295	339
430	20	20	446	446	446	446
529*	40	20	494	513	489	514

续表

σ_1/MPa	σ_2/MPa	σ_3/MPa	σ_1(Z-Z)	σ_1(S-D)	σ_1(E-D)	σ_1(H-D)
602*	60	20	536	552	510	554
554*	62	20	540	555	511	557
553*	61	20	538	553	511	555
532*	79	20	572	575	523	579
575*	100	20	609	592	534	597
567*	114	20	632	599	539	605
601	150	20	685	608	548	616
638	202	20	751	604	552	612
605*	38	38	593	593	593	593
620*	38	38	593	593	593	593
700	57	38	631	650	635	650
733	78	38	669	693	661	695
720	103	38	711	729	682	732
723	119	38	736	746	692	750
731	157	38	790	772	709	780
781	198	38	842	786	721	795
747	60	60	740	740	740	740
811	90	60	791	815	797	816
821	114	60	829	857	824	859
860	180	60	919	927	868	932
861	249	60	999	959	892	969
889	77	77	840	840	840	840
954	102	77	880	900	889	901
992	142	77	938	968	935	971
998	214	77	1 029	1 041	982	1 047
1 005	310	77	1 129	1 081	1 013	1 093
1 012	100	100	962	962	962	962
1 103	165	100	1 054	1 086	1 058	1 088
1 147	167	100	1 057	1 089	1 060	1 091
1 155	216	100	1 117	1 145	1 097	1 150
1 195	259	100	1 165	1 180	1 121	1 187

续表

σ_1/MPa	σ_2/MPa	σ_3/MPa	σ_1 (Z-Z)	σ_1 (S-D)	σ_1 (E-D)	σ_1 (H-D)
1 129	312	100	1 218	1 208	1 142	1 218
预测误差/%			9.99	5.35	7.10	5.66

注:表中标有 * 号的为图 3-7 中数据点。

表 3-4 Dunham 白云岩真三轴试验数据和 σ_1 预测值

σ_1/MPa	σ_2/MPa	σ_3/MPa	σ_1 (Z-Z)	σ_1 (S-D)	σ_1 (E-D)	σ_1 (H-D)
257	0	0				
400	25	25	386	386	386	386
474	68	25	439	452	437	453
500	91	25	463	471	450	474
553	135	25	502	490	465	495
574	177	25	532	494	470	501
594	232	25	559	484	466	490
544	269	25	569	499	493	501
488	45	45	471	471	471	471
562	100	45	533	546	531	548
586	124	45	555	565	545	568
607	159	45	584	583	558	587
639	183	45	601	589	564	595
671	241	45	635	593	569	600
670	263	45	645	590	568	597
622	293	45	656	583	564	590
568	65	65	548	548	548	548
636	113	65	599	614	603	615
642	152	65	634	647	628	650
687	208	65	677	673	648	678
684	259	65	707	681	656	688
725	306	65	728	679	656	687
700*	390	65	748	692	684	695
624	85	85	618	618	618	618
682	126	85	661	675	668	676
718	150	85	683	699	686	701

σ_1/MPa	σ_2/MPa	σ_3/MPa	σ_1(Z-Z)	σ_1(S-D)	σ_1(E-D)	σ_1(H-D)
743	230	85	745	747	723	752
771*	300	85	785	762	736	769
818*	371	85	813	757	736	766
798*	440	85	826	771	763	775
679	105	105	685	685	685	685
776	165	105	742	759	749	760
784	202	105	773	789	772	792
804*	265	105	818	821	798	827
822*	331	105	854	836	811	844
839*	351	105	864	837	812	845
820*	411	105	885	833	811	842
863*	266	105	818	822	798	827
724	125	125	747	747	747	747
823	186	125	804	821	812	822
859*	241	125	848	864	846	867
862*	288	125	880	887	864	892
893*	359	125	919	906	880	913
942	411	125	941	908	884	917
918	458	125	956	904	882	913
887	510	125	965	894	885	898
892*	254	145	901	919	903	921
929*	292	145	927	941	920	945
924*	319	145	944	953	930	958
922	342	145	958	961	937	967
1 016	387	145	981	972	946	979
1 003	404	145	989	974	949	982
953	451	145	1 008	976	951	985
预测误差/%			4.17	4.79	6.44	4.48

注:表中标有 * 号的为图 3-8 中数据点。

表 3-5 **Apache Leap 凝灰岩真三轴试验数据和 σ_1 预测值**

σ_1/MPa	σ_2/MPa	σ_3/MPa	σ_1(Z-Z)	σ_1(E-D)	σ_1(H-D)	σ_1(S-D)
147.3	0	0				
181.8	3.4	3.4	179	179	179	179
197	6.9	6.9	207	207	207	207
240.4*	10.3	10.3	232	232	232	232
248.9*	13.8	13.8	255	255	255	255
250*	13.8	13.8	255	255	255	255
265.3*	17.2	17.2	277	277	277	277
242.3*	20.7	20.7	297	297	297	297
308.4	24.1	24.1	317	317	317	317
329.8	27.6	27.6	336	336	336	336
356.7	31	31	353	353	353	353
360.2	34.5	34.5	371	371	371	371
396.5	37.9	37.9	387	387	387	387
419.5	41.4	41.4	404	404	404	404
456.1	44.8	44.8	420	420	420	420
434.1	48.3	48.3	435	435	435	435
464.9	55.2	55.2	465	465	465	465
190.1	18.4	0	190	192	173	193
227.8*	36.8	0	223	204	181	206
241.1*	55.2	0	250	205	184	208
286	73.5	0	272	199	184	203
325.9	110.3	0	305	214	212	214
341.3	92.3	0	290	191	184	193
333.7	79.9	0	278	197	183	200
272.6	61.5	0	258	203	184	207
276.6	50.7	0	243	205	184	208
218.1*	30.7	0	213	201	179	203
180.8	15.4	0	184	188	171	189

σ_1/MPa	σ_2/MPa	σ_3/MPa	σ_1(Z-Z)	σ_1(E-D)	σ_1(H-D)	σ_1(S-D)
164.7	14.8	0	183	187	171	188
221.4	29.6	0	211	201	179	203
247.1	44.5	0	235	205	183	208
286.6	59.3	0	255	204	184	207
349.6	88.9	0	287	193	181	195
170.1	8.6	3.4	191	197	192	197
223.9	17.2	6.9	228	236	227	236
200.2	25.7	10.3	260	270	258	270
255.6	34.5	13.8	290	300	287	301
241.9	43.1	17.2	318	328	313	329
289.3	51.7	20.7	344	355	338	356
373.9	60.3	24.1	369	379	362	380
419.1	68.9	27.6	383	403	384	404
170.9	8.6	6.9	211	213	212	213
242.3*	12.9	10.3	237	240	239	240
201.7	17.2	13.8	261	265	264	265
260.1*	21.5	17.2	284	289	287	289
244.8*	25.9	20.7	306	311	309	311
328.8	30.2	24.1	326	332	330	332
295.9	34.5	27.6	346	352	350	352
340.3	38.8	31	365	371	367	371
预测误差/%			11.01	19.61	21.20	19.32

注:表中标有 * 号的为图 3-9 中数据点。

表 3-6 Mizuho 粗面岩真三轴试验数据和 σ_1 预测值

σ_1/MPa	σ_2/MPa	σ_3/MPa	σ_1(Z-Z)	σ_1(E-D)	σ_1(H-D)	σ_1(S-D)
100	0	0				
193	15	15	178	178	178	178
253	30	30	237	237	237	237

续表

σ_1/MPa	σ_2/MPa	σ_3/MPa	σ_1(Z-Z)	σ_1(E-D)	σ_1(H-D)	σ_1(S-D)
300	45	45	289	289	289	289
314	55	45	299	304	302	304
326	71	45	314	321	317	322
333	96	45	334	340	331	341
349	142	45	362	353	342	356
361*	214	45	380	365	360	367
365*	289	45	305	433	426	435
351	332	45	329	466	459	469
339	60	60	336	336	336	336
352	91	60	364	372	367	372
383	142	60	399	400	390	402
396*	191	60	421	406	396	410
404*	229	60	430	400	392	404
400*	271	60	428	383	379	386
383	331	60	371	340	340	340
365	75	75	379	379	379	379
400	114	75	412	421	416	421
417*	153	75	439	444	434	445
438*	229	75	472	455	445	459
439	300	75	477	435	430	438
424	343	75	458	410	408	411
451	391	75	379	366	366	367
419*	100	100	446	446	446	446
460*	137	100	477	485	481	486
489	186	100	509	515	506	517
494	274	100	545	530	520	534
522	382	100	541	496	493	498
513	411	100	522	476	476	478
预测误差/%			7.05	8.94	8.38	9.10

注:表中标有 * 号的为图 3-10 中数据点。

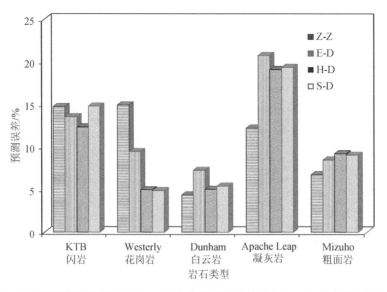

图3-5 对5组岩石试验数据,采用广义三维非线性岩体强度准则(Z-Z),基于椭圆形 Lode 势函数(E-D)、双曲线型 Lode 势函数(H-D)和空间滑移面 Lode 势函数(S-D)修正广义三维非线性岩体强度准则进行强度预测的预测误差统计

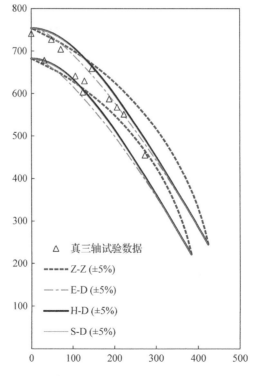

图3-6 KTB Amphibolite 的真三轴试验数据和广义三维非线性岩体强度准则(Z-Z),基于椭圆形 Lode 势函数(E-D)、双曲线型 Lode 势函数(H-D)和空间滑移面 Lode 势函数(S-D)修正广义三维非线性岩体强度准则的屈服面[$I_1/3=439\times(1\pm5\%)$MPa]

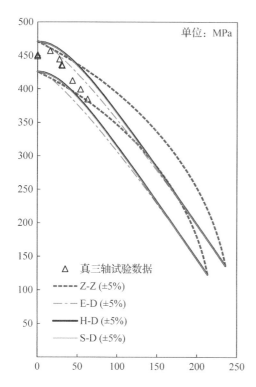

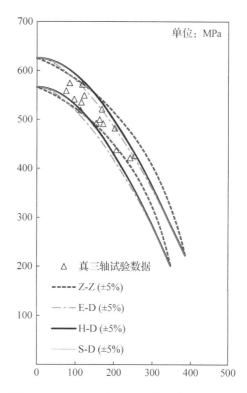

图 3-7 Westerly 花岗岩的真三轴试验数据和广义三维非线性岩体强度准则(Z-Z),基于椭圆形 Lode 势函数(E-D)、双曲线型 Lode 势函数(H-D)和空间滑移面 Lode 势函数(S-D)修正广义三维非线性岩体强度准则的屈服面[$I_1/3=220\times(1\pm5\%)$MPa]

图 3-8 Dunham 白云岩的真三轴试验数据和广义三维非线性岩体强度准则(Z-Z),基于椭圆形 Lode 势函数(E-D)、双曲线型 Lode 势函数(H-D)和空间滑移面 Lode 势函数(S-D)修正广义三维非线性岩体强度准则的屈服面[$I_1/3=425\times(1\pm5\%)$MPa]

2)岩体真三轴试验验证

Zhang 等(2007)、Zhang(2008)引用了日本 Kurobe IV 拱坝地基的一组节理黑云母花岗岩体的真三轴试验数据(Müller-Salzburg et al.,1983;Brown,1993)。现场测试岩块在最大主应力方向长 2.8 m,在中主应力方向高 2.8 m,在最小主应力方向宽 1.4 m,体积大概为 11 m³。节理黑云母花岗岩有些风化,实验室测试取样的岩石单轴抗压强度为23.0 MPa。试验测试过程为:保持中主应力 σ_2 和最小主应力 σ_3 恒定,分别为 0.70 MPa和 0.12 MPa,循环加载最大主应力 σ_1,直至岩块破坏。测试结果为:破坏强度为 13.0 MPa,比实验室测试取样的岩石单轴抗压强度小很多。

通过查表(表 5-2),得到花岗岩的参数 m_i 在 29~35 范围中,为简化分析,取中间值32。通过三个主应力值和广义三维非线性岩体强度准则,反推得到 GSI 值为 81。这就给定了参数 m_i 和 GSI 的值,同时假定岩块是未扰动岩体($D=0$),通过式(2-20)可以得到岩体参数 m_b,s,a 分别为 16.115,0.118 和 0.500 5。通过这些参数可以用基于椭圆形

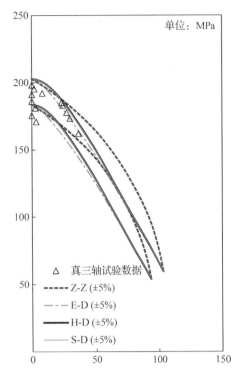

图 3‑9　Apache Leap 凝灰岩的真三轴试验数据和广义三维非线性岩体强度准则(Z‑Z),基于椭圆形 Lode 势函数(E‑D),双曲线型 Lode 势函数(H‑D)和空间滑移面 Lode 势函数(S‑D)修正广义三维非线性岩体强度准则的屈服面[$I_1/3=92×(1±5\%)$MPa]

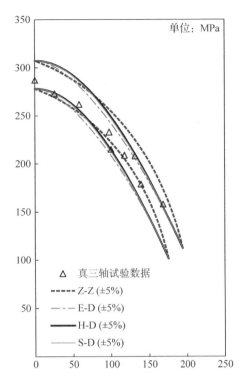

图 3‑10　Mizuho 粗面岩的真三轴试验数据和广义三维非线性岩体强度准则(Z‑Z),基于椭圆形 Lode 势函数(E‑D)、双曲线型 Lode 势函数(H‑D)和空间滑移面 Lode 势函数(S‑D)修正广义三维非线性岩体强度准则的屈服面[$I_1/3=227×(1±5\%)$MPa]

Lode 势函数(E‑D),双曲线型 Lode 势函数(H‑D)和空间滑移面 Lode 势函数(S‑D)的修正强度准则计算最大主应力 σ_1,分别为 11.8 MPa,13.4 MPa 和 13.4 MPa,对应的预测误差分别为 9.2%,3.1% 和 3.1%,由此可见应用修正广义三维非线性岩体强度准则进行岩体强度预测也是非常可靠的。

3.4.3　修正广义三维非线性岩体强度准则的参数理论确定

引用表 3‑2 到表 3‑6 中的 5 类岩石的真三轴试验数据,采用最小二乘法(LS)对三种修正广义三维非线性岩体强度准则的岩石参数 m_i 进行最佳拟合,在表 3‑7 中列出获得的最佳拟合岩石参数 m_i。发现获得的三种修正广义三维非线性岩体强度准则的岩石参数 m_i 最佳拟合值近似相等,但都比广义三维非线性岩体强度准则岩石参数 m_i 最佳拟合值大 1,这是因为在同一 π 平面上(相同的主应力第一不变量 I_1),三种修正广义三维非线性岩体强度准则的屈服面均比广义三维非线性岩体强度准则的屈服面小一些,这一现象可以从图 3-2 到图 3-4 中非常清楚看出来。为弥补修正引起屈服面减小的影响,需要稍微增加岩石参数 m_i,按照 Hoek-Brown 强度准则岩石参数 m_i 通常取整数的惯例,所以选择将修正广义三维非线性岩体强度准则的岩石参数 m_i 增加 1,而最佳拟合的结果(表 3-7)也验证了岩石参数 m_i 增加 1 的合理性。

表 3-7　5 类岩石真三轴试验数据和 σ_1 预测值

岩石类型	$\sigma_c/$ MPa	范围 m_i *	m_i 最佳拟合值				s
			Z-Z	S-D	E-D	H-D	
KTB 闪岩	165.0	26±6	31	32	32	32	1
Westerly 花岗岩	201.0	32±3	35	36	36	36	1
Dunham 白云岩	257.0	9±3	10	11	11	11	1
Apache Leap 凝灰岩	147.3	13±5	18	19	19	19	1
Mizuho 粗面岩	100.0	13±4	11	12	12	12	1

注:* 表示从表 5-2 中获得。

由于屈服面修正的影响,引起岩石的参数 m_i 有少许的变化(参数 m_i 增加 1),所以在广义三维非线性岩体强度准则岩体参数 m_b, s, a 确定方法的基础上,提出新的可以考虑修正影响的岩体参数 m_b, s, a 确定方法,而广义三维非线性岩体强度准则已经被证明可以直接使用 Hoek-Brown 强度准则的参数(Zhang et al.,2007;Zhang,2008)。选取 Hoek 等(2002)最新提出的基于地质强度指标的方法[式(2-20a)—式(2-20c)]作为 Hoek-Brown 强度准则岩体参数 m_b, s, a 的确定方法,对之改进后为式(3-26a)—式(3-26c),使其可以适用于修正广义三维非线性岩体强度准则。

因此,基于地质强度指标(GSI)修正广义三维非线性岩体强度准则岩体参数 m_b, s, a 的取值方法如下:

$$m_b = \exp\left(\frac{GSI-100}{28-14D}\right)(m_i+1) \tag{3-26a}$$

$$s = \exp\left(\frac{GSI-100}{9-3D}\right) \tag{3-26b}$$

$$a = 0.5 + \frac{1}{6}\left[\exp(-GSI/15) - \exp(-20/3)\right] \tag{3-26c}$$

式中:m_i——岩石的参数,可以从表 5-2 中获得;

D——岩体参数,反映的是爆破影响和应力释放引起扰动的程度,取值范围为 0~1.0,现场无扰动岩体为 0,而非常扰动岩体为 1.0。

考虑到采用基于双曲线型(H-D)Lode 势函数修正广义三维非线性岩体强度准则进行强度预测,不管是岩石强度预测的精度(图 3-5),还是岩体强度预测的精度(见 3.4.2 节),都要比其他两种基于椭圆形 Lode 势函数和空间滑移面 Lode 势函数的修正广义三维非线性岩体强度准则的预测精度高,所以在后续的研究中修正广义三维非线性岩体强度准则特指基于双曲线型 Lode 势函数的修正强度准则。

以花岗岩岩石参数 m_i 为 32±3(所有岩石中最大值)和黏土岩岩石参数 m_i 为 4±2(所有岩石中最小值)为两个特例,在图 3-11 中给出 5 类岩体的地质强度指标(GSI)和岩体参数 m_b 的关系,可以看出随着岩体的地质强度指标(GSI)降低,岩体参数 m_b 相应地降低,岩体参数 m_b 的范围为 0~35,5 类岩体参数 m_b 的范围在表 3-8 中列出。

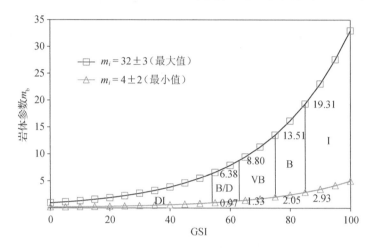

图 3-11　修正广义三维非线性岩体强度准则的岩体参数 m_b 与 GSI 关系

表 3-8　5 类岩体参数 m_b 的范围

岩体类型	完整 (I)岩体	块状 (B)岩体	非常块状 (VB)岩体	块状/扰动 (B/D)岩体	破碎 (DI)岩体
参数 m_b 范围	2.93~36	2.05~19.31	1.33~13.51	0.97~8.80	0~6.38

在图 3-12 中给出 5 类岩体的地质强度指标(GSI)和岩体参数 s 的关系,可以看出随着岩体的地质强度指标(GSI)降低,岩体参数 s 相应地降低,岩体参数 s 的范围为 0~1.0。

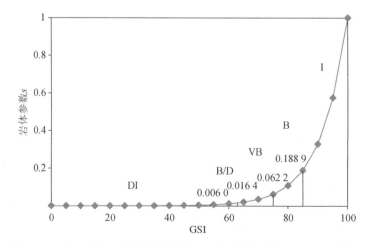

图 3-12　修正广义三维非线性岩体强度准则的岩体参数 s 与 GSI 关系

在图 3-13 中给出 5 类岩体的地质强度指标(GSI)和岩体参数 a 的关系,可以看出随着岩体的地质强度指标(GSI)降低,岩体参数 a 相应地增加,岩体参数 a 的范围为 $0.5\sim0.667$。

在图 3-11 到图 3-13 中给出了修正广义三维非线性岩体强度准则的岩石和岩体参数的取值范围,但这样的取值范围经验性非常明显,参数的精度不能满足精细化、大型化、复杂化的岩体工程的需要,所以有必要对岩石和岩体参数确定开展系统的研究。

本书后续章节中开展修正广义三维非线性岩体强度准则的岩石和岩体参数细观—宏观的研究,借助颗粒流模型对岩石和岩体进行细观数值建模和重现,以细观的性质和参数来反映宏观的性质和参数,为宏观的参数确定寻找细观尺度的理论根据,建立不同尺度下参数间的关联体系,为修正广义三维非线性岩体强度准则经验性的岩石和岩体参数赋予细观—宏观的理论性基础。

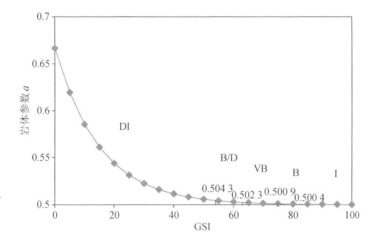

图 3-13　修正广义三维非线性岩体强度准则的岩体参数 a 与 GSI 关系

3.5　本章小结

本章主要有以下内容:

① 分析了广义三维非线性岩体强度准则的屈服面不光滑、非全凸性的原因。原因是该准则的 Lode 势函数不能满足光滑、全凸性的条件,而屈服面不光滑、非全凸性是 Mogi 类强度准则的通病。

② 采用满足光滑性、全凸性的椭圆形 Lode 势函数(E-D)、双曲线型 Lode 势函数(H-D)和空间滑移面 Lode 势函数(S-D),修正了广义三维非线性岩体强度准则的 Lode 势函数,解决了广义三维非线性岩体强度准则的屈服面不光滑、非全凸性的问题。

③ 提出了可将修正强度准则应用于岩体($a\neq0.5$)的数值方法。所以修正强度准则

是广义的,可以广泛应用于实际的岩体工程。

④ 三种修正广义三维非线性岩体强度准则不但可以完全继承广义三维非线性岩体强度准则的优点,并且可以在不降低预测精度的前提下解决广义三维 Hoek-Brown 准则屈服面的不光滑和非全凸性的问题。

⑤ 利用文献中收集的真三轴试验数据,对修正广义三维非线性岩体强度准则的参数进行了最佳拟合,并在 Hoek-Brown 强度准则(Hoek et al.,1980,1992)的参数确定方法的基础上,提出了适合于修正广义三维非线性岩体强度准则岩石 m_i 和岩体参数 m_b,s,a 确定方法。

4 修正广义三维非线性岩体强度准则的本构模型

本章提出了基于修正广义三维非线性岩体强度准则的本构模型,其中关于修正广义三维非线性岩体强度准则的内容已在第 3 章中介绍,在此主要介绍相应的连续多段塑性流动法则。本章首先提出了基于 Hoek-Brown 强度准则的连续多段塑性流动法则以及基于修正广义三维非线性岩体强度准则的连续多段塑性流动法则;在此基础上通过基于改进欧拉中点法的本构积分算法在数值上实现了提出的本构模型,并利用单积分点应变加载测试验证了算法;然后通过真三轴压缩数值试验、平面应变条件下的圆环试验以及物理模型试验验证了提出的本构模型,并将其分别应用于考虑施工过程的隧道工程以及复杂地质条件下的隧道工程。

4.1 连续多段塑性流动法则

Carranza-Torres 等(1999)提出了一个基于 Hoek-Brown 强度准则的线性非相关塑性流动法则,并引入了剪胀角 ψ 和机动剪胀 ψ_{mob} 的概念,如下:

$$Q_{\mathrm{I}} = R_1 - \left(\frac{1+\sin\psi_{\mathrm{mob}}}{1-\sin\psi_{\mathrm{mob}}}\right)R_3 \qquad (4-1)$$

式中:Q_{I}—塑性势。

$$R_i = \frac{-\sigma_i}{m_{\mathrm{b}}\sigma_{\mathrm{c}}} + \frac{s}{m_{\mathrm{b}}^2} \quad (i=1,3) \qquad (4-2)$$

机动剪胀 ψ_{mob} 随围压的变化而变化(Benz et al.,2008b;Plaxis,2013),其表达式如下:

$$\psi_{\mathrm{mob}} = \begin{cases} \psi + \dfrac{\sigma_3}{\sigma_{\mathrm{t}}}\left(\dfrac{\pi}{2}-\psi\right), & (\sigma_{\mathrm{t}} \leqslant \sigma_3 < 0), \\[2mm] \dfrac{\sigma_3^{\mathrm{cv}} - \sigma_3}{\sigma_3^{\mathrm{cv}}}\psi, & (0 \leqslant \sigma_3 \leqslant \sigma_3^{\mathrm{cv}}), \\[2mm] 0, & (\sigma_3 \geqslant \sigma_3^{\mathrm{cv}}), \end{cases} \qquad (4-3)$$

式中:σ_{t}—岩石的单轴抗拉强度,$\sigma_{\mathrm{t}} = -s\sigma_{\mathrm{c}}/m_{\mathrm{b}}$;

σ_3^{cv}——临界围压,当围压超过该临界围压时,岩石的破坏形式将转变为塑性体积变形较小的受压破坏,此时的塑性变形发展为常体积流动;

ψ——剪胀角。

Cundall 等(2003)认为当围压较低或受拉时,不需要使用剪胀角描述岩石的塑性流动,因为岩石的破坏模式主要是轴向劈裂而不是剪切破坏。因此,提出了一种用与围压相关的函数表示的多段塑性流动法则,不需要剪胀角,取而代之的是引入了一个定义为主应力方向上的塑性应变增量比例系数 γ 来描述不同阶段的流动法则。通过单轴压缩试验可知,在单轴应力状态附近($\sigma_3 \approx 0$),屈服后的塑性体积变形将快速发展,因此采用关联流动法则。对广义 Hoek-Brown 强度准则式(2-15)求导,则 γ 在 $\sigma_3 = 0$ 时可以表示如下:

$$\gamma_{\mathrm{I}} = -\frac{1}{1 + am_b \left[m_b (\sigma_3/\sigma_c) + s \right]^{a-1}} \tag{4-4}$$

在高围压条件下,岩石的破坏形式将转变为塑性体积变形较小的受压破坏,以常体积流动来描述该阶段的塑性变形发展。即当 $\sigma_3 \geqslant \sigma_3^{cv}$ 时,γ 表达式如下:

$$\gamma_{\mathrm{II}} = -1 \tag{4-5}$$

当围压介于单轴应力与高围压状态之间时,即 $0 \leqslant \sigma_3 < \sigma_3^{cv}$,以关联流动与常体积流动的线性插值来定义 γ,如下:

$$\gamma_{\mathrm{III}} = 1 \bigg/ \left[\frac{1}{\gamma_{\mathrm{I}}} + \left(\frac{1}{\gamma_{\mathrm{II}}} - \frac{1}{\gamma_{\mathrm{I}}} \right) \frac{\sigma_3}{\sigma_3^{cv}} \right] \tag{4-6}$$

当所有应力均为拉应力时($\sigma_t \leqslant \sigma_3 \leqslant \sigma_1 < 0$),流动矢量与主应力矢量同轴,遵循径向流动法则,此时 γ 表达式如下:

$$\gamma_{\mathrm{IV}} = \sigma_1/\sigma_3 \tag{4-7}$$

式(4-4)至(4-7)所给出的分段形式的流动法则充分考虑了不同围压条件下岩石破坏的特征。然而,当围压从单轴受压状态($\sigma_3 = 0$)到拉应力状态时,该塑性流动法则是不连续的,且在四种应力状态下的表达式也不是统一的形式,这给数值计算带来不便和奇异问题。因此基于 Hoek-Brown 强度准则和修正广义三维非线性岩体强度准则提出了新的连续多段塑性流动法则。

4.1.1 基于 Hoek-Brown 强度准则的连续多段塑性流动法则

在关联流动法则条件下,广义 Hoek-Brown 强度准则屈服函数和塑性势函数相同,由式(2-15)可知:

$$F = Q = \frac{1}{\sigma_c^{1/a-1}} (\sigma_1 - \sigma_3)^{1/a} - m_b \sigma_3 - s\sigma_c \tag{4-8}$$

对式(4-8)求导,可得塑性流动矢量如下:

$$\begin{cases} Q_1 = \dfrac{\partial Q}{\partial \sigma_1} = \dfrac{1}{a\sigma_c^{1/a-1}}(\sigma_1-\sigma_3)^{1/a-1}, \\ Q_3 = \dfrac{\partial Q}{\partial \sigma_3} = -\dfrac{1}{a\sigma_c^{1/a-1}}(\sigma_1-\sigma_3)^{1/a-1} - m_b. \end{cases} \tag{4-9}$$

设流动系数为 λ,则其塑性体积应变 $\mathrm{d}\varepsilon_v^p$ 可表示如下:

$$\mathrm{d}\varepsilon_v^p = \lambda\left(\frac{\partial Q}{\partial \sigma_1} + \frac{\partial Q}{\partial \sigma_3}\right) = -\lambda m_b \tag{4-10}$$

因此,塑性体积应变仅与 m_b 有关,即仅与塑性流动矢量中的 Q_3 相关。引入第一类插值系数 η,在关联流动法则状态和常体积流动法则状态之间进行插值,则式(4-8)可表述如下:

$$Q^c = \frac{1}{\sigma_c^{1/a-1}}(\sigma_1-\sigma_3)^{1/a} - \eta m_b\sigma_3 - s\sigma_c \tag{4-11}$$

$$\eta = \begin{cases} 1-\sigma_3/2\sigma_3^{cv}, & 0 \leqslant \sigma_3 \leqslant \sigma_3^{cv}, \\ 0, & \sigma_3 > \sigma_3^{cv}. \end{cases} \tag{4-12}$$

对式(4-11)求导,可得受压状态下的塑性体积应变如下:

$$\mathrm{d}\varepsilon_v^p = \lambda\left(\frac{\partial Q^c}{\partial \sigma_1} + \frac{\partial Q^c}{\partial \sigma_3}\right) = \begin{cases} -\lambda(1-\sigma_3/\sigma_3^{cv})m_b, & 0 \leqslant \sigma_3 \leqslant \sigma_3^{cv}, \\ 0, & \sigma_3 > \sigma_3^{cv}. \end{cases} \tag{4-13}$$

当 $\sigma_3 = 0$ 时(单轴应力状态),$\mathrm{d}\varepsilon_v^p$ 为 $-\lambda m_b$,此时岩体遵循关联流动法则,体积应变率最大;当 $\sigma_3 > \sigma_3^{cv}$ 时(高围压状态),$\mathrm{d}\varepsilon_v^p$ 为 0,此时岩体遵循常体积流动法则。将系数 η 称为压应力修正系数。

在拉应力状态时($\sigma_t \leqslant \sigma_3 < 0$),参考最大拉应力条件下的单轴流动法则(Cundall et al.,2003;秦世伦,2011),采用与最大拉应力 σ_t 相关的屈服函数和塑性势函数。塑性流动的方向与主拉应力矢量的方向共轴,屈服函数与塑性势 Q^t 可表示如下:

$$F = Q^t = \sigma_i - \sigma_t \quad (i=1,3) \tag{4-14}$$

由于式(4-11)与式(4-14)表达形式上的差异,直接在关联流动法则和最大拉应力流动法则之间建立插值关系较为困难。因此,引入第二类插值系数 $\bar{\xi}$,考虑 σ_1 和 σ_3 的大小在塑性流动方向上的影响,对拉伸塑性流动矢量 Q^t 进行修正如下:

$$\mathrm{d}\varepsilon_v^p = \lambda\left(\frac{\partial Q^t}{\partial \sigma_1} + \frac{\partial Q^t}{\partial \sigma_3}\right) = \lambda\left(\bar{\xi}_1\frac{\partial Q}{\partial \sigma_1} + \bar{\xi}_3\frac{\partial Q}{\partial \sigma_3}\right) \tag{4-15}$$

式中:

$$\bar{\xi}_i = \sqrt{2}\,\xi_i/(\xi_1^2+\xi_3^2)^{1/2}, \quad \xi_i = \begin{cases} 1, & \sigma_i \geqslant 0, \\ 1/(1-\sigma_i/\sigma_t), & \sigma_i < 0, \end{cases} \quad (i=1,\,3) \qquad (4-16)$$

当 $\sigma_i < 0$ 时，系数 ξ_i 被激活，从而起到修正作用；反之 ξ_i 为默认值 1，无修正作用。在单轴受压状态下（$\sigma_1>0$，$\sigma_3=0$），$\bar{\xi}_1=\bar{\xi}_3=1$，关联流动法则没有被修正；在最大拉应力状态时（$\sigma_1=\sigma_3=\sigma_t$），$\bar{\xi}_1=\bar{\xi}_3$ 且趋近于 ∞，塑性流动的方向接近于主应力合成的方向，即主应力空间中的等斜线。系数 $\bar{\xi}$ 保证了 Q^c 和 Q^t 在单轴应力条件附近的连续性，将系数 $\bar{\xi}$ 称为拉应力修正系数。

式（4-13）和（4-15）即为基于 Hoek-Brown 强度准则的连续多段塑性流动法则，其不仅考虑了不同围压条件对塑性流动法则和塑性体积变形的影响，同时也不需要引入附加参数。上述的压应力修正系数 η 以及拉应力修正系数 $\bar{\xi}$ 均可根据表达式由主应力直接求得，更重要的是该塑性流动法则保证了塑性势函数在整个主应力空间中的连续性。

4.1.2　基于修正广义三维非线性岩体强度准则的连续多段塑性流动法则

参考 4.1.1 节推导基于修正广义三维非线性岩体强度准则的塑性流动法则。采用以 I_1，J_2 和 θ_σ 表示的修正广义三维非线性岩体强度准则为屈服函数，在关联流动法则条件下，相应的塑性势函数如下：

$$Q = \frac{1}{\sigma_c^{(1/a-1)}}\left[\sqrt{3J_2}\,g(\theta_\sigma)\right]^{1/a} + \frac{\sqrt{3}}{3}m_b\,\sqrt{J_2}\,g(\theta_\sigma) - m_b\,\frac{I_1}{3} - s\sigma_c \qquad (4-17)$$

式中：

$$g(\theta_\sigma) = 1/L(\theta_\sigma)_H$$

塑性体积应变仅与 $\partial Q/\partial I_1$ 有关，可表示如下：

$$\mathrm{d}\varepsilon_v^p = \lambda\,\frac{\partial Q}{\partial I_1} = -\lambda\,\frac{m_b}{3} \qquad (4-18)$$

由式（4-17）可知，塑性势函数中起关键作用的一项是 $m_b I_1/3$。与 4.1.1 节类似，引入压应力修正系数 η，则在受压状态下的塑性势函数 Q^c 可以表示如下：

$$Q^c = \frac{1}{\sigma_c^{(1/a-1)}}\left[\sqrt{3J_2}\,g(\theta_\sigma)\right]^{1/a} + \frac{\sqrt{3}}{3}m_b\,\sqrt{J_2}\,g(\theta_\sigma) - \eta m_b\,\frac{I_1}{3} - s\sigma_c \qquad (4-19)$$

系数 η 可以根据第一应力不变量 I_1 或者最小主应力 σ_3 来确定。在此给出以最小主应力 σ_3 确定的方法，如下：

$$\eta = \begin{cases} 1-\sigma_3/2\sigma_3^{cv}, & 0 \leqslant \sigma_3 \leqslant \sigma_3^{cv}, \\ 0, & \sigma_3 > \sigma_3^{cv}, \end{cases} \qquad (4-20)$$

对式(4-20)求导,得到各塑性流动矢量如下:

$$\frac{\partial Q^c}{\partial \sigma_i} = \frac{\partial Q^c}{\partial I_1}\frac{\partial I_1}{\partial \sigma_i} + \frac{\partial Q^c}{\partial \sqrt{J_2}}\frac{\partial \sqrt{J_2}}{\partial \sigma_i} + \frac{\partial Q^c}{\partial J_3}\frac{\partial J_3}{\partial \sigma_i} \tag{4-21}$$

矩阵形式如下:

$$\begin{bmatrix} \dfrac{\partial Q^c}{\partial \sigma_1} & \dfrac{\partial Q^c}{\partial \sigma_2} & \dfrac{\partial Q^c}{\partial \sigma_3} \end{bmatrix} = \begin{bmatrix} \dfrac{\partial Q^c}{\partial I_1} & \dfrac{\partial Q^c}{\partial \sqrt{J_2}} & \dfrac{\partial Q^c}{\partial J_3} \end{bmatrix} [T]_{3\times3} \tag{4-22}$$

式中:

$$\begin{cases} \dfrac{\partial Q^c}{\partial I_1} = -\dfrac{1}{3}\eta m_b, \\[2mm] \dfrac{\partial Q^c}{\partial \sqrt{J_2}} = \dfrac{\sqrt{3}}{a\sigma_c^{(1/a-1)}}g(\theta_\sigma)\left[\sqrt{3J_2}\,g(\theta_\sigma)\right]^{1/a-1} + \dfrac{\sqrt{3}}{3}m_b g(\theta_\sigma) \\[3mm] \qquad\qquad -\tan 3\theta_\sigma\left\{\dfrac{\sqrt{3}}{a\sigma_c^{(1/a-1)}}\left[\sqrt{3J_2}\,g(\theta_\sigma)\right]^{1/a-1} + \dfrac{m_b}{\sqrt{3}}\right\}\dfrac{\partial g(\theta)}{\partial\theta}, \\[3mm] \dfrac{\partial Q^c}{\partial J_3} = -\dfrac{\sqrt{3}}{2J_2\cos3\theta_\sigma}\left\{\dfrac{\sqrt{3}}{a\sigma_c^{(1/a-1)}}\left[\sqrt{3J_2}\,g(\theta_\sigma)\right]^{1/a-1} + \dfrac{m_b}{\sqrt{3}}\right\}\dfrac{\partial g(\theta)}{\partial\theta}, \end{cases} \tag{4-23}$$

$$[T]_{3\times3} = \begin{bmatrix} 1 & 1 & 1 \\ S_1/2\sqrt{J_2} & S_2/2\sqrt{J_2} & S_3/2\sqrt{J_2} \\ S_2 S_3 + J_2/3 & S_1 S_3 + J_2/3 & S_1 S_2 + J_2/3 \end{bmatrix} \tag{4-24}$$

式中:$S_i = \sigma_i - I_1/3$。

受压状态下的塑性体积应变如下:

$$d\varepsilon_v^p = \lambda\left(\frac{\partial Q^c}{\partial \sigma_1} + \frac{\partial Q^c}{\partial \sigma_2} + \frac{\partial Q^c}{\partial \sigma_3}\right) = \begin{cases} -\lambda(1-\sigma_3/\sigma_3^{cv})m_b, & 0\leqslant\sigma_3\leqslant\sigma_3^{cv}, \\ 0, & \sigma_3 > \sigma_3^{cv}, \end{cases} \tag{4-25}$$

当 $\sigma_3 = 0$(单轴应力状态)时,$d\varepsilon_v^p$ 为 $-\lambda m_b$,此时遵循关联流动法则;当 $\sigma_3 > \sigma_3^{cv}$(高围压状态),$d\varepsilon_v^p$ 为 0,此时遵循常体积流动法则。

引入拉应力修正系数 $\bar{\xi}$,则在受拉状态下的塑性势函数 Q^t 可以表示如下:

$$d\varepsilon_v^p = \lambda\frac{\partial Q^t}{\partial \sigma_i} = \lambda\bar{\xi}_i\frac{\partial Q}{\partial \sigma_i} \quad (i=1,2,3) \tag{4-26}$$

式中:

$$\bar{\xi}_i = \sqrt{3}\,\xi_i/(\xi_1^2 + \xi_2^2 + \xi_3^2)^{1/2}, \xi_i = \begin{cases} 1, & \sigma_i \geqslant 0, \\ 1/(1-\sigma_i/\sigma_t), & \sigma_i < 0, \end{cases} \quad (i=1,3) \tag{4-27}$$

当 $\sigma_i < 0$ 时，系数 ξ_i 被激活，从而起到修正作用；反之 ξ_i 为默认值 1，无修正作用。在单轴受压状态下（$\sigma_1 > 0$，$\sigma_2 = \sigma_3 = 0$），$\bar\xi_1 = \bar\xi_2 = \bar\xi_3 = 1$，关联流动法则没有被修正。由式（4-27）可知，拉应力的影响是渐进式的：在单轴受拉状态下（$\sigma_1 = \sigma_2 = 0$，$\sigma_t < \sigma_3 < 0$），ξ_1 和 ξ_2 的值为 1 而 ξ_3 趋近于 ∞，相应的 $\bar\xi_1$ 和 $\bar\xi_2$ 均趋近于 0 而 $\bar\xi_3$ 趋近于 1，此时的塑性流动方向与 σ_3 共轴；而在单轴最大拉应力条件下（$\sigma_1 = \sigma_2 = \sigma_3 = \sigma_t$），$\xi_i$（$i = 1, 2, 3$）均趋近于 ∞，相应的 $\bar\xi_i$（$i = 1, 2, 3$）均为 1，塑性流动的方向接近于主应力合成的方向，即主应力空间中的等斜线。在其他情况下，塑性流动的方向将根据处于受拉状态下每个主应力的大小而变化。

基于 Hoek-Brown 强度准则的连续多段塑性流动法则和基于修正广义三维非线性岩体强度准则的连续多段塑性流动法则目前均已嵌入三维有限元软件同济曙光（GeoF-BA3D）。由于数值计算的原因，该本构模型在数值实现过程中出现了奇点，因此需要对其做特殊处理。由式（4-23）可知，当 Lode 角 θ_σ 为 $\pm\pi/6$ 时，分母位置的 $\cos 3\theta_\sigma$ 的值为 0，导致 $\partial Q / \partial \sqrt{J_2}$ 和 $\partial Q / \partial J_3$ 出现了奇点。此时，$\partial g(\theta_\sigma) / \partial \theta_\sigma$ 的值也为 0。因此，奇点处是 0/0 不定式，可以采用以下的数值方法解决：

$\partial g(\theta_\sigma) / \partial \theta_\sigma$ 的表达式如下：

$$\frac{\partial g(\theta_\sigma)}{\partial \theta_\sigma} = \frac{g_I'(\theta_\sigma) g_I(\theta_\sigma) - g_{II}(\theta_\sigma) g_I'(\theta_\sigma)}{g_I^2(\theta_\sigma)} \tag{4-28}$$

式中：

$$g_I(\theta_\sigma) = 2\delta(1-\delta^2)\cos(\pi/6 - \theta_\sigma) + \delta(\delta-2)\sqrt{4(\delta^2-1)\cos^2(\pi/6 - \theta_\sigma) + (5-4\delta)} \tag{4-29}$$

$$g_I'(\theta_\sigma) = 2\delta(1-\delta^2)\sin(\pi/6 - \theta_\sigma) + \frac{4\delta(\delta-2)(\delta^2-1)\cos(\pi/6 - \theta_\sigma)\sin(\pi/6 - \theta_\sigma)}{\sqrt{4(\delta^2-1)\cos^2(\pi/6 - \theta_\sigma) + (5-4\delta)}} \tag{4-30}$$

$$g_{II}(\theta_\sigma) = 4(1-\delta^2)\cos^2(\pi/6 - \theta_\sigma) - (\delta-2)^2 \tag{4-31}$$

$$g_{II}'(\theta_\sigma) = 8(1-\delta^2)\cos(\pi/6 - \theta_\sigma)\sin(\pi/6 - \theta_\sigma) \tag{4-32}$$

结合式（4-28）至式（4-32），使用洛必达法则（Taylor，1952），可以计算在 $\theta_\sigma = \pm\pi/6$ 时，$[\partial g(\theta_\sigma) / \partial \theta_\sigma] / \cos 3\theta_\sigma$ 的值如下：

$$\lim_{\theta_\sigma \to \pi/6} \frac{\partial g(\theta_\sigma) / \partial \theta_\sigma}{\cos 3\theta_\sigma} = -\frac{2(1-\delta^2)}{3\delta(2\delta-1)} \tag{4-33}$$

$$\lim_{\theta_\sigma \to -\pi/6} \frac{\partial g(\theta_\sigma) / \partial \theta_\sigma}{\cos 3\theta_\sigma} = \frac{(1-\delta^2)}{\delta(\delta-2)^2} \tag{4-34}$$

上述公式的建立基于岩体是理想弹塑性的假设。然而，在很多情况下，尤其是在高围压条件下,岩体也可能会表现出应变硬化的行为(Mogi,1966;Bésuelle et al.,2000;Wong et al.,2012)。理论上该模型可以通过引入一个硬化参数来扩展,从而考虑应变硬化行为(Vermeer et al.,1984;Lade et al.,1995;郑颖人等,2002;Maurer,1965)。

4.2　本构积分算法及积分点测试

本构积分算法是求解材料非线性问题最关键的部分,直接影响计算的精度和效率。现有的岩土工程软件一般采用显式积分算法或隐式积分算法。显式积分算法相对降低了求解难度,但在步长设置不当的情况下,会产生一定的计算误差,造成数值解相对于真实解的漂移,即等效应力逐渐偏离屈服面;隐式积分算法的数值解稳定且精度高。然而,由于本章提出的流动法则是分段式的,主应力空间中塑性矢量的二阶导数表达式非常复杂,而隐式积分算法在求解非线性方程时存在困难。因此参考 Potts 等(1999)所采用的基于误差控制的改进欧拉中点法(图4-1)来完成本构积分点测试。

4.2.1　基于改进欧拉中点法的本构积分算法

改进欧拉中点法根据相对误差自动将一个增量步分解为若干个次阶,从而利用误差控制算法求解非线性微分方程,其次阶步长划分及误差控制机制如下:

设某一增量步的第 n 个次阶积分步初始应力状态为 $\{\sigma_n\}$、硬化参量状态为 $\{H_n\}$,增量步的总的加载应变为 $\{d\varepsilon\}$,为提高积分精度,设置一个次阶步长控制因子 ΔT,将积分步进一步细化,其次阶应变增量如下:

$$\{d\varepsilon_n\} = \Delta T \{d\varepsilon\} \tag{4-35}$$

相对误差 R 可以表示如下:

$$R = \|E\|_2 / \|\sigma_n + d\bar{\sigma}_n\|_2 \leqslant Toler \tag{4-36}$$

式中:$Toler$——积分控制精度;

　　　$\|E\|_2$——局部误差估值的第二范数;

　　　$\|\sigma_n + d\bar{\sigma}_n\|_2$——试算应力状态第二范数,计算公式如下:

$$E = (\{d\sigma_n^2\} - \{d\sigma_n^1\})/2, \{d\bar{\sigma}_n\} = (\{d\sigma_n^2\} + \{d\sigma_n^1\})/2 \tag{4-37}$$

式中:

$$\{d\sigma_n^1\} = [D_{\text{ep}}^1(\sigma_n, H_n)]\{d\varepsilon_n\} \tag{4-38}$$

$$\{d\sigma_n^2\} = [D_{\text{ep}}^2(\sigma_n^1, H_n^1)]\{d\varepsilon_n\} \tag{4-39}$$

式中:[1]和[2]代表迭代试算的两种状态,如图4-1(b)所示;D_{ep} 为弹塑性矩阵。

当次阶步长控制因子 ΔT 满足式(4-36)时,应力及应变状态将沿 $\{d\sigma_n^1\}$ 和 $\{d\sigma_n^2\}$ 的合

矢量方向发展。当相对误差 R 不能满足式(4-36)时,可通过一定机制来缩减次阶步长(Potts et al.,1999),算法如下:

$$\Delta T' = \beta\Delta T, \quad \beta = 0.8[Toler/R]^{1/2} \tag{4-40}$$

通过上述误差控制过程可知,欧拉中点法可以自动解决由于不同围压状态下塑性势的改变所可能引起的本构积分收敛困难的问题,同时也避免了纯显式积分算法的应力漂移问题。次阶机制的引入使得增量步中的积分过程更为灵活,可以进行分段处理,为今后进一步考虑脆性应力跌落等高度非线性特性的实现提供了技术上的可能。

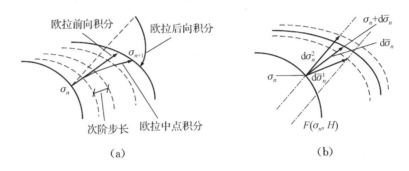

(a) (b)

图 4-1 基于误差控制的改进欧拉中点算法

4.2.2 单积分点应变加载测试

为验证基于上述本构积分算法的数值实现结果的有效性,现进行单个积分点在应变加载条件下的计算结果测试。测试方案如图4-2所示,即调用单个积分点的本构积分过程,控制三轴应变,模拟在有侧压力变化条件下的材料应力—应变关系。材料参数如表4-1所示,初始各向应力状态为0。计算结果如图4-3及表4-2所示,所得结果中仅取进入塑性阶段后的数据进行研究。图4-3中的偏应力理论解是由式(2-15)和(3-23)得到的。

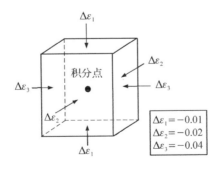

图 4-2 单积分点单轴应变加载测试过程及加载条件

表 4 - 1   积分点测试材料参数

材料参数	材料 I	材料 II	材料 III
E/GPa	1.0	3.0	6.0
ν	0.3	0.3	0.3
m_i	10	15	25
GSI	40	60	90
D	0.5	0.5	1.0
$\sigma_{c,i}/\mathrm{MPa}$	15.0	20.0	30.0
σ_{cv}/MPa	10.0	15.0	20.0

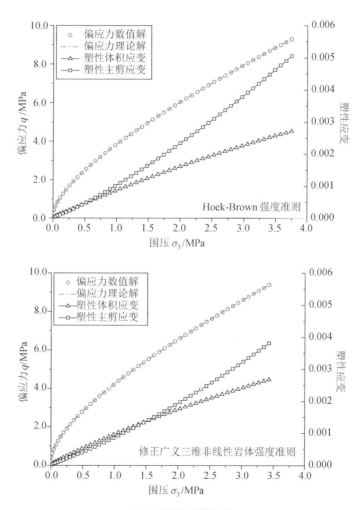

（a）材料 I 计算结果

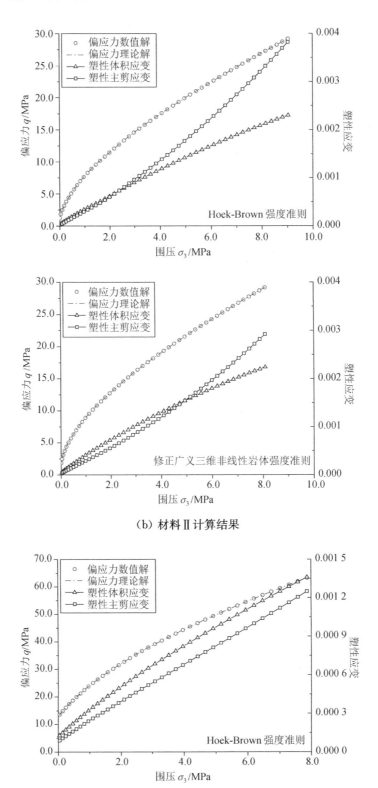

（b）材料Ⅱ计算结果

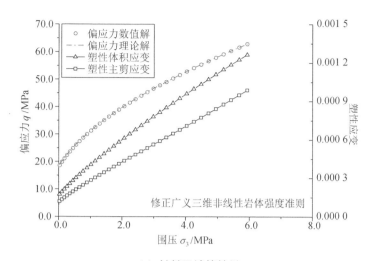

（c）材料Ⅲ计算结果

图4-3　积分点测试结果

表4-2　基于两种本构模型的积分点测试结果

结果	材料Ⅰ		材料Ⅱ		材料Ⅲ	
	Hoek-Brown	GZZ	Hoek-Brown	GZZ	Hoek-Brown	GZZ
$\Delta\sigma_3$/MPa	3.743	3.431	9.036	8.087	7.871	5.924
$\Delta\sigma_1$/MPa	9.305	9.389	29.173	29.176	63.199	62.877
$\Delta\varepsilon_v^p/10^{-3}$	2.716	2.682	2.299	2.238	1.359	1.263
$\Delta\gamma_s^p/10^{-3}$	5.057	3.811	3.823	2.925	1.249	0.986

注：应变以拉为正，Δq 为偏应力增量，$\Delta\varepsilon_v^p$ 为塑性体积应变增量，$\Delta\gamma_s^p$ 为塑性主剪应变增量。

　　通过对比可知,由本构积分所得的应力数值解与直接根据强度准则表达式所得的理论解是一致的。此外,由塑性体积和主剪应变的结果可知,提出的塑性流动法则仍然可以反映岩石材料的剪胀特性及不同围压状态下剪胀程度的变化。虽然新的塑性流动法则不涉及剪胀角,但随着围压的不断增长,塑性体积应变与塑性主剪应变之比减小,这与剪胀角的概念相似,也与新的塑性流动法则的基本假设是一致的。因此,从单个积分点的角度,提出的本构模型及其数值实现得到了初步验证。

4.3　本构模型及其数值实现的验证

　　真三轴压缩数值试验、平面应变状态下的圆环试验以及模型试验的试验结果与数值结果的对比,进一步验证了上述本构模型及其数值实现。数值结果通过三维有限元软件同济曙光（GeoFBA3D）计算得到。

4.3.1 真三轴压缩数值试验验证

真三轴压缩数值试验采用一个高度为 60 mm,横向长度为 30 mm 的棱柱形试样。试件被划分为 1 607 个四面体单元,底部边界是固定的,中主应力和最小主应力设定在 5 MPa～40 MPa 范围内(图 4-4)。选取了两种不同材料的试件(A 和 B),其参数如表 4-3 所示。数值试验采用应力控制的方式加载,当加载应力超过屈服强度时,整个试件进入塑性状态。当试件接近屈服时,减小每一步的加载量,以避免加载应力直接超过屈服强度,此处设定为 1 MPa。

表 4-3 真三轴压缩数值试验(试件 A 和 B)和圆环试验的材料参数

参数	试件 A	试件 B	圆环
$\rho/(\text{kg} \cdot \text{m}^{-3})$	2 200	2 200	2 300
E/GPa	5	5	5.7
ν	0.3	0.3	0.3
m_i	32	32	30
GSI	80	15	100
m_b	15.665	15	30
s	0.108 4	0.000 1	1
a	0.500 6	0.561 1	0.5
σ_c/MPa	120	120	100
σ_3^{cv}/MPa	—	—	100

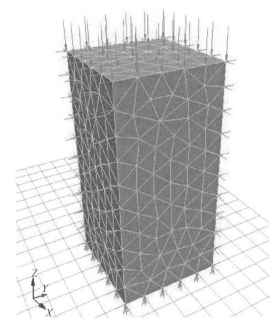

图 4-4 真三轴压缩数值试验的试样模型

图 4-5(a)展示了基于 Hoek-Brown 强度准则的本构模型的数值试验结果,图 4-5(b)展示了基于修正广义三维非线性岩体强度准则的本构模型的数值试验结果。理论解分别使用对应的强度准则式(2-15)和式(3-23)计算。从图 4-5 中可以看出,数值试验结果与理论解吻合较好。

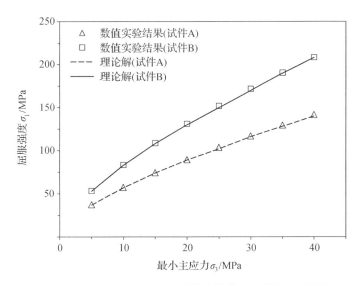

(a) 基于 Hoek-Brown 强度准则的本构模型的数值试验结果

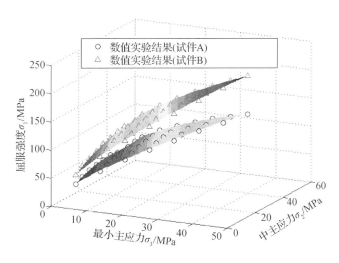

(b) 基于修正广义三维非线性岩体强度准则的本构模型的数值试验结果(位于上部的曲面是试件 A 的理论解,位于下部的曲面是试件 B 的理论解)

图 4-5 真三轴压缩数值试验结果

4.3.2 平面应变条件下的圆环试验验证

平面应变条件下的圆环试验是一类经典的弹塑性力学问题,本质上是圆形隧道开挖的一个简单的力学模型。利用基于广义 Hoek-Brown 强度准则的极限分析方法可以求得三个主应力和塑性区范围的精确理论解。已有多位学者提出了一些基于广义 Hoek-Brown 强度准则的无限平面下圆形隧道开挖的近似解(Carranza-Torres et al.,1999;Brown et al.,1983;Carranza-Torres,2004;Sharan,2003;Sharan,2005),但这些理论解的研究原型与圆环不同。此外,这些理论解只适用于完整岩石,并作了一些简化假设,因此这些解不是精确解也不具有推广意义。本节在广义 Hoek-Brown 强度准则的基础上,推导出了精确的理论解,并结合一些数值方法进行求解,以下简要介绍精确理论解的推导过程:

圆环模型如图 4-6,R 和 r 分别为圆环的外半径和内半径。ρ 和 φ 分别为研究点的半径和角度。圆环的外圆周上加载了均布围压 p,圆环上下表面的位移是固定的,圆环的内圆周是自由的。因此,这是一个典型的平面应变力学模型。

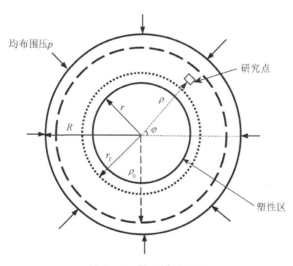

图 4-6 圆环模型图示

对于平面应变模型,在弹性阶段,极坐标下的三个应力表示如下:

$$\sigma_\rho = \frac{1-r^2/\rho^2}{1-r^2/R^2}p \quad \sigma_\varphi = \frac{1+r^2/\rho^2}{1-r^2/R^2}p \quad \sigma_z = \frac{2\nu}{1-r^2/R^2}p \tag{4-41}$$

从式(4-41)中可以发现,在内圆附近,三个主应力分别是 $\sigma_1 = \sigma_\varphi$,$\sigma_2 = \sigma_z$ 和 $\sigma_3 = \sigma_\rho$。但当 ρ 增加到超过主应力变换半径 ρ_0 时,中主应力和最小主应力会交换,此时三个主应力变为 $\sigma_1 = \sigma_\varphi$,$\sigma_2 = \sigma_\rho$ 和 $\sigma_3 = \sigma_z$。分析中假设塑性区的半径不超过主应力变换半径 ρ_0。

在塑性区,轴对称问题的平衡微分方程如下:

$$\frac{\partial \sigma_\rho}{\partial \rho} + \frac{\sigma_\rho - \sigma_\theta}{\rho} = 0 \quad \text{或} \quad \frac{\partial \sigma_3}{\partial \rho} + \frac{\sigma_3 - \sigma_1}{\rho} = 0 \tag{4-42}$$

根据广义 Hoek-Brown 强度准则的表达式(2-15),式(4-42)可转换如下:

$$\frac{1}{\sigma_{c,i}} \partial \sigma_3 \left(m_b \frac{\sigma_3}{\sigma_{c,i}} + s \right)^{-a} = \frac{\partial \rho}{\rho} \tag{4-43}$$

对式(4-43)进行积分,可以得出平衡微分方程如下:

$$\left(m_b \frac{\sigma_3}{\sigma_{c,i}} + s \right)^{1-a} = m_b(1-a)\ln\rho + C \tag{4-44}$$

积分常数 C 可由边界条件 $\sigma_3(r) = 0$ 得出如下:

$$C = s^{1-a} - m_b(1-a)\ln r \tag{4-45}$$

则塑性区的三个主应力可以表示如下:

$$\sigma_3 = \frac{\sigma_{c,i}}{m_b} \left[m_b(1-a)\ln\frac{\rho}{r} + s^{1-a} \right]^{\frac{1}{1-a}} - \frac{s\sigma_{c,i}}{m_b} \tag{4-46}$$

以及

$$\sigma_1 = \sigma_3 + \sigma_{c,i} \left(m_b \frac{\sigma_3}{\sigma_{c,i}} + s \right)^a \quad \sigma_2 = \nu(\sigma_1 + \sigma_3) \tag{4-47}$$

式中:ν——泊松比。

在弹性区,极坐标下的三个主应力的表达式如下:

$$\sigma_\rho = \frac{R^2/\rho^2 - 1}{R^2/r_Y^2 - 1} p_e + \frac{1 - r^2/\rho^2}{1 - r^2/R^2} p$$

$$\sigma_\varphi = -\frac{R^2/\rho^2 + 1}{R^2/r_Y^2 - 1} p_e + \frac{1 + r^2/\rho^2}{1 - r^2/R^2} p$$

$$\sigma_z = \frac{-2\nu}{R^2/r_Y^2 - 1} p_e + \frac{2\nu}{1 - r^2/R^2} p \tag{4-48}$$

式中:r_Y——塑性区半径;

　　　p_e——弹性区与塑性区交界处的应力。

结合弹性区内部的边界条件和式(4-46),可以解得 r_Y 和 p_e 如下:

$$\sigma_\rho(r_Y) = p_e + \frac{1 - r^2/r_Y^2}{1 - r^2/R^2} p \quad \sigma_\varphi(r_Y) = -\frac{R^2/r_Y^2 + 1}{R^2/r_Y^2 - 1} p_e + \frac{1 + r^2/r_Y^2}{1 - r^2/R^2} p \tag{4-49}$$

将式(4-49)代入式(2-15),可以得到一个关于 r_Y 和 p_e 的方程如下:

$$\sigma_\varphi(r_Y) = \sigma_\rho(r_Y) + \sigma_{c,i} \left(m_b \frac{\sigma_\rho(r_Y)}{\sigma_{c,i}} + s \right)^a \tag{4-50}$$

同时,式(4-49)中的 $\sigma_\rho(r_Y)$ 是最小主应力,代入式(4-46),可以得到另一个关于 r_Y 和 p_e 的方程如下:

$$\frac{\sigma_{c,i}}{m_b}\left[m_b(1-a)\ln\frac{r_Y}{r}+s^{1-a}\right]^{\frac{1}{1-a}}-\frac{s\sigma_{c,i}}{m_b}=p_e+\frac{1-r^2/r_Y^2}{1-r^2/R^2}p \quad (4-51)$$

由于式(4-50)和式(4-51)的复杂性,r_Y 和 p_e 的显式表达式很难推导出来,但可以用数值方法求解,然后便可以得到三个主应力的精确理论解和塑性区的范围。

主应力变换半径 ρ_0 如下:

$$\rho_0=\sqrt{\frac{R^2p_e(1-r^2/R^2)-r^2p(R^2/r_Y^2-1)}{(1-2\nu)\left[p(R^2/r_Y^2-1)-p_e(1-r^2/R^2)\right]}} \quad (4-52)$$

参考 Sharan(2003),弹性区的径向位移如下:

$$u=\frac{(1+\nu)}{E}\left(\frac{r_Y^2}{\rho}\right)(p-p_e) \quad (4-53)$$

式中:E 为弹性模量。

在塑性区,Sharan(2003,2005)提出的径向位移的表达式如下:

$$u=\frac{(1+\nu)}{E}r^{-K_d}\left[C_1(1-2\nu)(r_Y^{K_d+1}-\rho^{K_d+1})-C_2(r_Y^{K_d-1}-\rho^{K_d-1})\right]+u_R\left(\frac{r_Y}{\rho}\right)^{K_d} \quad (4-54)$$

式中:

$$C_1=\frac{(p_e-p)r_Y^2+pr^2}{r_Y^2-r^2} \quad C_2=\frac{-p_er_Y^2r^2}{r_Y^2-r^2} \quad (4-55)$$

K_d 是扩张参数。对于关联流动法则,K_d 由下式给出,此时可以得到最高的体积应变率,进而得到最大的塑性位移。

$$K_d^{assoc}=1+am_b\left(m_b\frac{\sigma_R}{\sigma_c}+s\right)^{a-1} \quad (4-56)$$

对于常体积流动法则,没有发生扩张,故 K_d 等于1。

数值模型用四面体单元划分,为了获得更可靠的数值试验结果,对内环附近区域的网格进行了细化,如图4-7所示。圆环的内外半径分别为2.5 m 和5 m,厚度为0.5 m。圆环的内圆周是自由的,将圆环的上下表面的法线方向进行约束以近似模拟平面应变状态。材料参数如表4-3所示。环向均布围压施加在圆环的外圆周,在数值模拟中考虑了100 MPa 和200 MPa 两种围压状态。采用基于修正广义三维非线性岩体强度准则的本构模型进行数值试验,得到三个主应力和等效塑性应变的数值结果,如图4-8所示。此外还采用基于 Hoek-Brown 强度准则的本构模型进行数值试验。

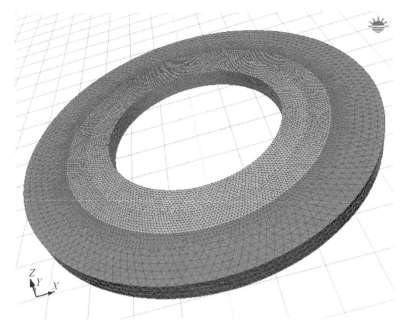

图 4 - 7　平面应变状态下的圆环试验的数值模型

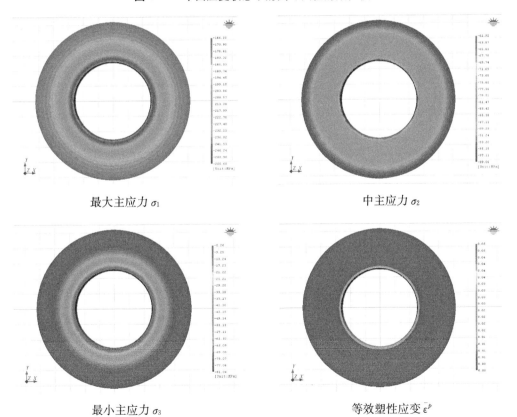

最大主应力 σ_1　　　　　　　　　　　　中主应力 σ_2

最小主应力 σ_3　　　　　　　　　　　等效塑性应变 $\bar{\varepsilon}^p$

（a）围压 $p=100$ MPa

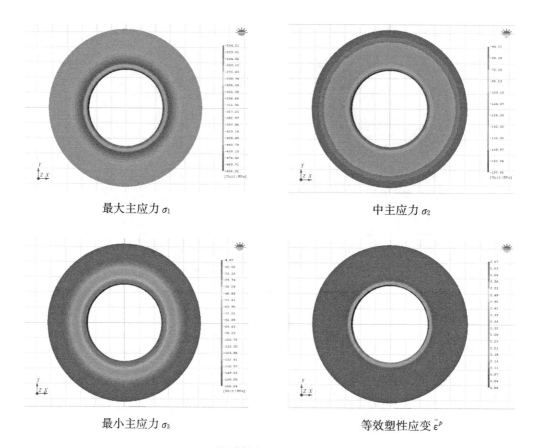

最大主应力 σ_1　　　　　　　　　　　　中主应力 σ_2

最小主应力 σ_3　　　　　　　　　　　　等效塑性应变 $\bar{\varepsilon}^p$

（b）围压 $p＝200$ MPa

图 4-8　基于修正广义三维非线性岩体强度准则的本构模型的数值结果

　　将数值试验结果与理论解进行比较以验证本构模型。然而，由于式（3-23）的表达式比较复杂，基于修正广义三维非线性岩体强度准则的理论解是很难求解的。因此，首先将基于 Hoek-Brown 强度准则的本构模型的数值结果与理论解进行比较。基于 Hoek-Brown 强度准则的本构模型的数值结果与理论解的应力对比见图 4-9。最大主应力和中主应力的拐点处即为弹性区和塑性区的交界处，中主应力和最小主应力的交点处对应的半径值即为主应力变换半径。显然，数值试验结果与三个主应力的精确理论解以及塑性区的范围非常吻合，且随着围压的增加，塑性区的范围逐渐向外圆扩展，见图 4-9（b）。基于 Hoek-Brown 强度准则的本构模型的数值结果与理论解的径向位移对比见图 4-10，本节分别计算了关联流动法则和常体积流动法则下径向位移的理论解。在弹性区，数值结果与理论解非常接近。而在塑性区，数值结果比关联流动法则获得的理论解小，比常体积流动法则获得的理论解大，这是因为数值结果采用的是 4.1 节中描述的新的多段塑性流动法则。

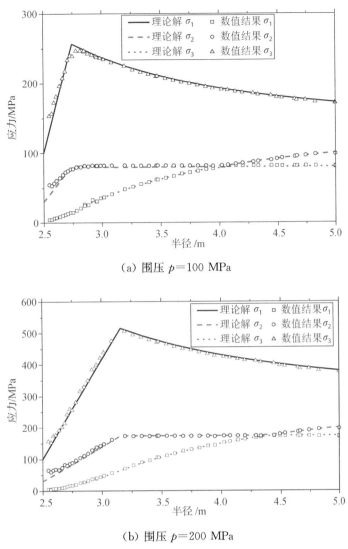

（a）围压 $p=100$ MPa

（b）围压 $p=200$ MPa

图 4-9 基于 Hoek-Brown 强度准则的本构模型的数值结果与理论解的比较（应力分布）

对两种本构模型的数值结果进行比较，如图 4-11 所示，可以看出不同围压下数值结果的总体趋势是一致的。通过两组数值结果的比较，可以发现基于修正广义三维非线性岩体强度准则的本构模型求得的塑性区半径小于基于 Hoek-Brown 强度准则的本构模型求得的塑性区半径，前者的塑性区半径值几乎是后者的一半。这是因为基于修正广义三维非线性岩体强度准则的本构模型可以考虑中主应力的影响，在本构模型中材料的强度得到加强，所以塑性区减少到大约一半的范围。综上，基于修正广义三维非线性岩体强度准则的本构模型的准确性和稳定性得到了验证。

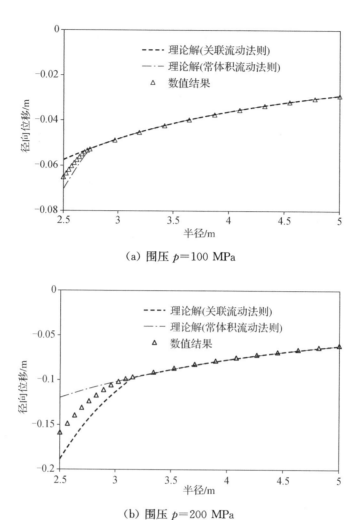

（a）围压 $p=100$ MPa

（b）围压 $p=200$ MPa

图 4‑10 基于 Hoek-Brown 强度准则的本构模型的数值结果与理论解的比较（径向位移）

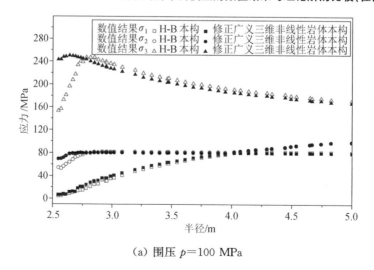

（a）围压 $p=100$ MPa

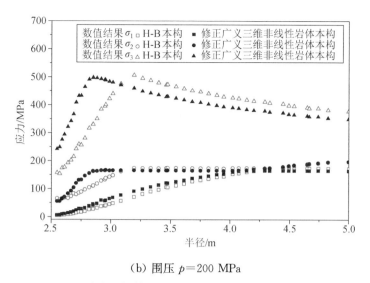

（b）围压 $p=200$ MPa

图 4‐11　基于 Hoek-Brown 强度准则与基于修正广义三维非线性岩体强度准则的本构模型的数值结果比较（应力分布）

4.3.3　物理模型试验验证

有学者（Vu 2013；Vu et al.，2014）对隧道模型进行了一系列的测试，该隧道模型示意图和测量点的位置如图 4‐12。该模型的外部尺寸为 2 m×2 m×0.4 m，隧道尺寸为 370 mm×220 mm。在几何相似系数为 30 的情况下，该模型可以模拟 1 个尺寸为 11.1 m×6.6 m 的山岭隧道，试验所用的材料参数见表 4‐4。隧道模型上安装了 6 个传感器来测量应力，其中传感器 p_1、p_2 和 p_3 测量水平应力，p_4、p_5 和 p_6 测量垂直应力。此外还安装了位移传感器来测量顶部的垂直位移和侧壁的水平收敛位移。

将该模型的前后表面进行约束，以模拟平面应变条件。顶部和两侧的加卸载由单独的液压千斤顶系统控制。通过调整施加的垂直和水平应力，可以模拟不同的侧向系数和埋深。选择侧压力系数等于 1.0 的隧道模型试验来验证所提出的本构模型。数值分析模拟了物理模型试验中的 5 个步骤，从而研究埋深对隧道围岩的影响，见表 4‐5。

① 在顶部和两侧施加初始压力，对应实地 100 m 的埋深（步骤 1）。

② 开挖隧道（步骤 2）。

③ 将压力增加到对应实地 400 m 的埋深（步骤 3）。

④ 将压力增加到对应实地 750 m 的埋深（步骤 4）。

⑤ 将压力增加到对应实地 1 000 m 的埋深（步骤 5）。

需要说明的是，由于使用了 30 的相似系数，物理模型试验中的应用压力是相应现场实地压力的 1/30。数值模型由 89 436 个四面体单元组成，模型前后两面的边界在法线方向上是固定的，限制底部边界只能在竖直方向上运动。对数值模型顶部和两个侧面加

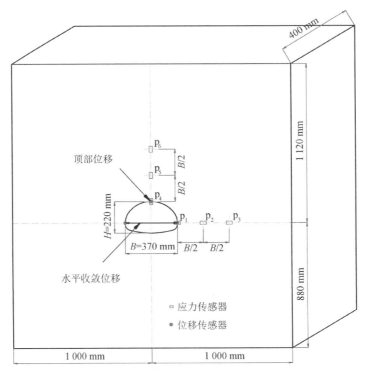

图 4 - 12　隧道模型试验示意图及测量点位置

载并保持相同的压力,以模拟 1.0 的侧压力系数。在数值分析中使用了与物理模型试验相同的材料参数,见表 4 - 4。

表 4 - 4　隧道模型试验及数值模型材料参数

参数	$\rho/(\mathrm{kg \cdot m^{-3}})$	E/GPa	ν	m_i	GSI	m_b	s	a	σ_c/MPa	$\sigma_3^{cv}/\mathrm{MPa}$
物理模型试验	2 100	0.3	0.32	12	0	0.985	4.2×10^{-4}	0.522	0.95	0.95

表 4 - 5　隧道模型试验顺序及每一步围岩性状

隧道模型试验顺序					
	步骤 1	步骤 2	步骤 3	步骤 4	步骤 5
实际埋深	100 m	100 m(开挖)	400 m	750 m	1 000 m
实际应力	2.1 MPa	2.1 MPa(开挖)	8.4 MPa	15.75 MPa	21 MPa
试验加压	70 kPa	70 kPa(开挖)	280 kPa	525 kPa	700 kPa
围岩性状					
物理模型试验（即时图片）(Vu 2013; Vu et al., 2014)					

围岩性状				
数值分析（塑性区）（Vu 2013；Vu et al.，2014）	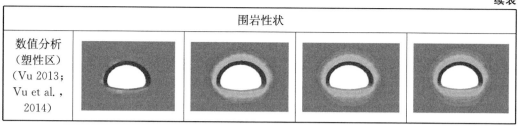			

表 4-5 展示了在物理模型试验中用数码相机获得的实时图像和在步骤 2 至步骤 5 结束时的数值试验的快照,可以看出数值试验对塑性区发展的分析结果与模型试验很一致。图 4-13 和图 4-14 分别比较了物理模型试验中的实测应力和位移与数值试验所得

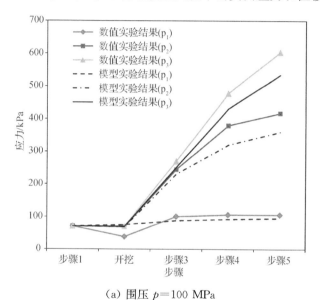

（a）围压 $p=100$ MPa

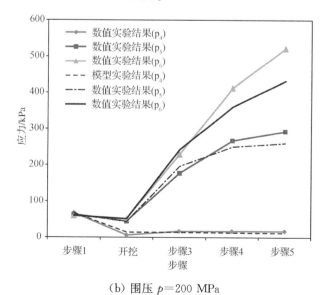

（b）围压 $p=200$ MPa

图 4-13　物理模型试验结果与数值试验结果比较(应力)

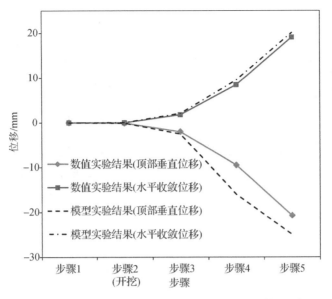

图 4 - 14　物理模型试验结果与数值试验结果比较(位移)

的应力和位移。在步骤 3 之前,模型试验和数值试验结果之间有非常好的一致性。第 4 步和第 5 步的试验结果和数值结果之间存在较大的差异,这是由于物理模型试验中隧道顶部和两侧的岩石塌落在数值分析中没有考虑,属于有限元软件的内在限制。

4.4　隧道工程应用算例

岩体本构模型常被应用于分析山岭隧道围岩的稳定性,本节将结合两个工程案例,利用同济曙光三维有限元分析软件(GeoFBA3D,V2.0)模拟隧道的施工过程,对本构模型的有效性进行进一步的验证和应用。

4.4.1　考虑施工过程的隧道工程应用

某隧道长 50 m,埋深约为 140 m。数值模型的尺寸为 84 m×60 m×50 m,共分为 227 044 个四面体单元,如图 4 - 15。数值模拟考虑了施工过程的 115 个步骤,包括上下台阶开挖、初始衬砌安装、二次衬砌安装和底板回填,如图 4 - 16 所示。每个台阶开挖和初始衬砌的长度为 2 m,每个二次衬砌和地面回填的长度为 10 m。表 4 - 6 列出了初始衬砌、二次衬砌和底板回填的材料特性。为了模拟 140 m 的覆土压力,在数值模型的顶面施加了 2.2 MPa 的均匀应力。限制模型底部的法向方向移动和四个垂直边界的横向移动。

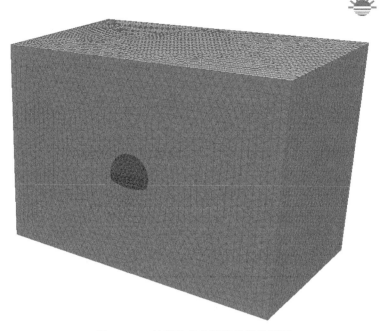

图 4 - 15　某高速公路隧道的数值模型

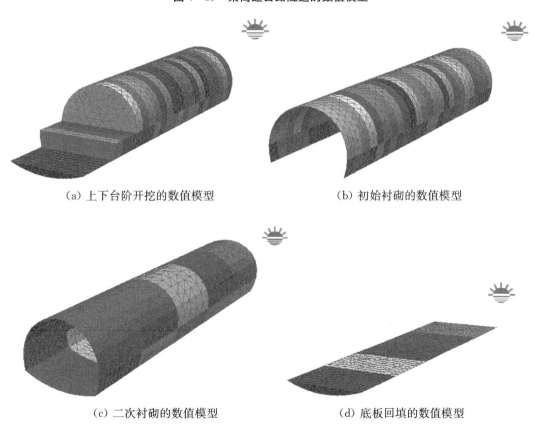

（a）上下台阶开挖的数值模型　　　　　　（b）初始衬砌的数值模型

（c）二次衬砌的数值模型　　　　　　（d）底板回填的数值模型

图 4 - 16　隧道施工过程的数值模拟

表 4-6　初始衬砌、二次衬砌及底板回填的材料参数

步骤	材料	$\rho/(kg \cdot m^{-3})$	E/MPa	v	厚度/cm
初始衬砌	素混凝土	2.2×10^3	2.1×10^4	0.25	20
二次衬砌	钢筋混凝土	2.5×10^3	2.95×10^4	0.25	40
底板回填	素混凝土	2.4×10^3	2.6×10^4	0.25	120*

注：* 表示 120 cm 为底板回填最大厚度。

现场的岩石是砂岩，单轴抗压强度 σ_c 为 13.2 MPa。根据 Hoek 等(1997)以及 Marinos 等(2001)的研究，砂岩的材料常数 m_i 选为 17。现场岩体的地质强度指标(GSI)是用 Sönmez 等(1999,2002)提出的方法得到的。图 4-17 展示了在隧道开挖面上观察到的较大的不连续面的分布(许多较小的不连续面没有在此图中展示)，据此可确定岩体介于块状岩体(blocky)与非常块状岩体(very blocky)之间，故岩体结构等级(SR)为 60。不连续面内部的填充材料是软粘土且厚度小于 5 毫米。不连续面略粗糙，中度风化，表面条件等级约为 8。由 Sönmez 等(2002)提出的 GSI 确定方法，岩体的 GSI 为 47。该隧道采用钻爆法进行施工，导致对围岩有一定的干扰，所以干扰系数 D 选为 0.3。通过式(2-20)，可求得 m_b、s 和 a 分别为 1.834、0.001 4 和 0.507。假设常体积的临界围压 σ_3^{cv} 等于 σ_c，岩体行为是理想弹塑性的。岩体的变形模量参照 Hoek 等(2006)提出的经验公式通过 GSI 来确定，如下：

$$E_m = 100 \left(\frac{1 - D/2}{1 + e^{(75 + 25D - GSD)/11}} \right) = 3.24 \text{ GPa} \tag{4-57}$$

式中：E_m—变形模量，GPa；
　　　D—干扰系数。

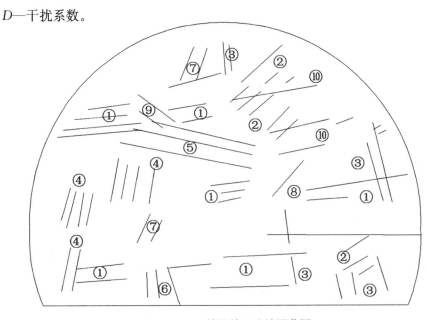

图 4-17　开挖面的不连续面草图

注：隧道断面约 12.16 m×9.68 m。

数值分析分别采用了基于 Hoek-Brown 强度准则的本构模型与基于修正广义三维非线性岩体强度准则的本构模型,数值分析结果与现场测量结果如图 4-18 所示,现场测量结果为隧道第一个开挖段(0~2 m 段)的顶部位移。测量时应与钻爆施工保持至少5 m 的安全距离,因此第一次测量是在隧道 6~8 m 段的初始衬砌时安装完成时进行的,对应数值模拟的第 10 步。隧道开挖速度约为每天 10 m,而 10 m 的隧道在数值模拟中需要 23 步,所以现场测量的结果与数值模拟中的第 10、33、56、79、102、125 步的结果相对应。测得第 5 天(大约第 125 步)的顶部位移为 10.2 cm。现场测量的结果与基于修正广义三维非线性岩体强度准则的本构模型的数值分析结果接近,而基于 Hoek-Brown 强度准则的本构模型的数值分析结果则明显大于现场测量的结果。

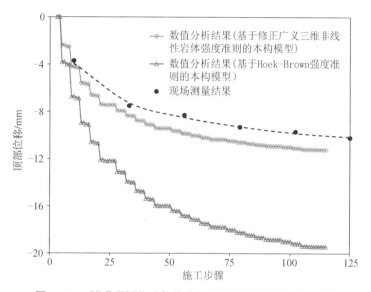

图 4-18　隧道顶板位移数值分析结果与现场测量结果比较

由基于 Hoek-Brown 强度准则的本构模型得到的塑性区出现在隧道的两个侧壁和底板处,如图 4-19(a)所示。两个侧壁处的塑性区的平均半径约为 4.2 m。由基于修正广义三维非线性岩体强度准则的本构模型得到的塑性区主要出现在隧道的两个侧壁处,在底板处没有出现明显的塑性区,如图 4-19(b)所示。两个侧壁处的塑性区的平均半径约为 2.0 m。图 4-20 展示了位于隧道 8 m 处的开挖面的最大变形,两种本构模型得到的最大变形表现出很大的差异,其数值几乎存在两倍的差别。

两种本构模型在顶板位移、塑性区范围、开挖面最大变形等方面的数值分析结果有很大差异,基于 Hoek-Brown 强度准则的本构模型得到的结果明显大于基于修正广义三维非线性岩体强度准则的本构模型得到的结果。这是因为基于修正广义三维非线性岩体强度准则的本构模型是一个真正的三维模型,可以充分考虑中主应力的影响,因此,使用基于修正广义三维非线性岩体强度准则的本构模型模拟的材料的力学行为更接近实际,在进行隧道分析时更加可靠,也会使隧道衬砌的设计更加经济。

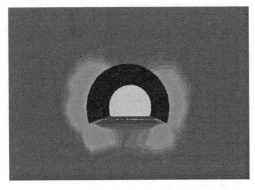 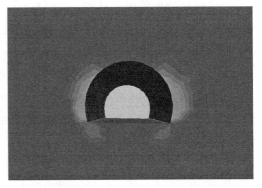

(a) 基于 Hoek-Brown 强度准则的本构模型　　(b)基于修正广义三维非线性岩体强度准则的本构模型

图 4‑19　隧道塑性区比较

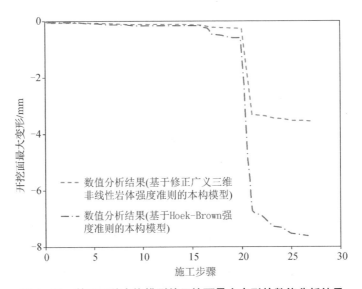

图 4‑20　基于两种本构模型的开挖面最大变形的数值分析结果

4.4.2　复杂地质条件下隧道工程应用

　　对一个埋深为 100 m、长 50 m、宽 12 m、高 9 m 的深埋常规隧道进行施工过程分析模拟,隧道原位应力的侧压力系数为 0.8;弹性模量 E 为 1.3×10^3 MPa、泊松比 ν 为 0.3;地层岩体主要为泥岩,其岩石的参数 m_i 取为 9。此隧道采用台阶法施工,初次衬砌为20 cm 厚的素混凝土,二次衬砌为 40 cm 厚的钢筋混凝土。此隧道所穿越的岩体分为 5 层,其实测数据见表 4‑7。

表 4-7 隧道岩体地质条件

地质条件		断面 A	断面 B	断面 C	断面 D	断面 E
岩石单轴抗压强度	UCS/MPa	4.8	4.6	5.2	5.1	4.2
不连续面数目	DN/(条·m^{-1})	10	13	14	12	12
结构面条件	延展性/m	2.98	2.99	3.02	2.97	3.05
	粗糙度 JRC	11	9	8	12	9
	充填物 R_f/mm	软 4.8	软 4.9	软 4.9	软 4.7	软 5.8
	风化程度 k_v	0.51	0.45	0.51	0.53	0.48
地下水赋存条件	GW/(L·min^{-1})	25.3	25.6	25.2	25.8	24.5
岩石耐崩解性指数	I_{d2}/%	58	59	61	57	62
软弱结构面与隧道轴线关系		有利	有利	有利	较好	较好

对于隧道地质条件进行处理后,总结如下:

① 岩石单轴抗压强度:UCS=4.2 MPa～5.2 MPa,平均值为 μ_{UCS}=4.78 MPa;

② 不连续面数目:DN=10～14 条/m,平均值为 μ_{DN}=12.2 条/m;

③ 延展性(结构面延展长度):Continuity=2.97～3.05 m,平均值为 $\mu_{Continuity}$=3.002 m;

④ 粗糙度:JRC=8～12,平均值为 μ_{JRC}=9.8;

⑤ 充填物:软质充填 4.7～5.8 mm,平均值为软质充填物 5.02 mm;

⑥ 风化程度:k_v=0.45～0.53,平均值为 μ_{kv}=0.496;

⑦ 地下水赋存条件:GW=24.5～25.8 L/min,平均值为 μ_{GW}=25.28 L/min;

⑧ 岩石耐崩解性指数:I_{d2}=57%～62%,平均值为 μ_{Id2}=59.4%;

⑨ 软弱结构面与隧道轴线关系:较好～有利,均值考虑为较好。

RMR$_{14}$评分的基本值以及考虑开挖方式的修正系数 F_e 和隧道开挖掌子面应力应变特征的修正系数 F_s 后的最终综合评分见表 4-8。

表 4-8 RMR$_{14}$评分表

岩层	岩层 A	岩层 B	岩层 C	岩层 D	岩层 E
RMR$_{14b}$	45.50	41.28	41.62	44.02	42.54
F_0	−3.46	−4.4	−5.16	−4.87	−3.92
F_e	1.224	1.274	1.272	1.238	1.254
F_s	1.3	1.3	1.3	1.3	1.3
RMR$_{14}$	67.01	61.12	60.15	63.10	63.07

在对隧道模型进行稳定分析时,根据现场实测数据的动态获得进行分析,隧道模型及岩层剖面见图 4-21。其中岩层每 10 m 一个分层,每一岩层假定为均质、各向同性。

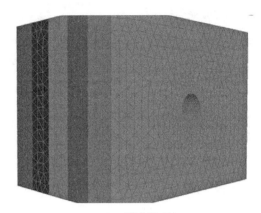
（a）隧道模型

（b）岩层剖面

图 4‑21　隧道模型及岩层剖面图

此隧道模型的整体稳定性动态分析的过程,主要通过影响隧道稳定的几个变形参量:隧道侧壁相对位移、隧道掌子面变形和隧道顶部位移等来反映,以上三个参量随施工过程的动态变化,分别见图 4‑22、图 4‑23 和图 4‑24。通过图 4‑22 和图 4‑23 可以得到,隧道侧壁相对位移和隧道掌子面变形的最大值与岩体的好坏情况相一致,即在弹性模量、泊松比相同时,RMR 评分值越高(对应着岩体质量越好)、岩石单轴抗压强度越大(对应着岩石越坚硬,同时塑性屈服半径越小),则其变形值越小,这与经验一致,即质量好强度高的岩体变形小。从图 4‑24 可以看到,隧道洞顶位移变化趋势与隧道侧壁相对位移及隧道掌子面变形相一致,但彼此之间的差异相对较小,这是由于洞顶竖向位移受到周边岩体的限制性较强,且由于两次衬砌的作用,减小了隧道的洞顶竖向位移彼此之间的差异。

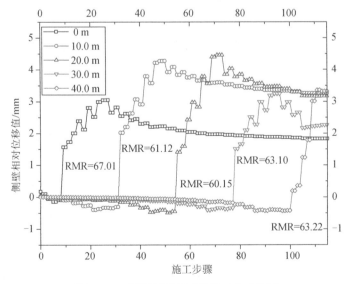

图 4‑22　隧道侧壁相对位移动态变化图

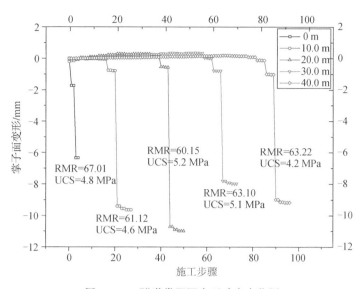

图 4‑23　隧道掌子面变形动态变化图

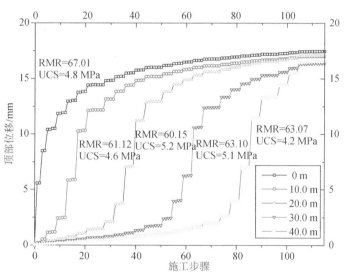

图 4‑24　隧道顶部位移动态变化图

4.5　本章小结

本章主要有以下内容：

① 提出的连续多段塑性流动法则不仅能够考虑不同围压状态对塑性流动和体积变形的影响，而且不需要使用不确定的参数（如剪胀角）。引入的两个修正系数均可根据围压状态由表达式直接求出。此外，该连续多段塑性流动法则还能够保证塑性势函数在整个应力空间的连续性。

② 提出了基于误差控制的改进欧拉中点法的本构积分算法,并将成果嵌入到了同济曙光三维有限元分析软件(GeoFBA3D)。通过真三轴压缩数值试验、平面应变状态下的圆环试验、物理模型试验的试验结果与数值结果的比较,验证了本构模型。

③ 将提出的本构模型应用到两个隧道工程中,结果表明基于修正广义三维非线性岩体强度准则的本构模型获得的顶部位移和水平收敛位移与现场实测结果非常吻合。此外,基于修正广义三维非线性岩体强度准则的本构模型获得的位移和塑性区的结果均小于对应的基于 Hoek-Brown 强度准则的本构模型的结果,进一步表明了考虑中主应力对岩体强度的影响。

5 广义三维非线性岩体强度准则的参数确定

广义三维非线性岩体强度准则的优势之一就是可直接使用被大量工程和研究论证过的 Hoek-Brown 强度准则的参数。如何针对各种特定的工程地质条件选取合适的岩石和岩体参数是广义三维非线性岩体强度准则准确使用的关键。岩石参数 m_i 可以通过查表法或室内试验法获得，岩体参数 m_b,s,a 的确定则需要考虑岩体的物理力学性质。在本章中，首先介绍了 m_i 的经验取值法，在此基础上介绍了更为精确的 m_i 试验取值法；根据工程岩体试验确定岩石单轴抗压强度 σ_c，基于地质强度指标（GSI）确定岩体参数，并给出多个被广泛使用 GSI 的基本分级指标的获取方法，并基于明堂山隧道的 10 个开挖面的地质信息演示岩体参数的确定过程；最后简要介绍了通过其他工程岩体分级（如 RMR，BQ，Q 等）和 GSI 的相关性确定岩体参数的方法。

5.1 岩石参数 m_i 的确定

岩石参数 m_i 是 Hoek-Brown 强度准则中针对完整岩石材料所提出的无量纲参数，用来反应岩石的软硬程度，其值主要受粒子间的摩擦力和颗粒连锁程度影响。岩石参数 m_i 可以采用室内岩石试验数据计算得到，或直接采用 Hoek 等（1992,2001）依据不同成岩类型及其岩性分类试验成果推荐的经验统计取值。

5.1.1 m_i 的经验判断

Hoek 等（1980）给出了一个岩石参数 m_i 取值的初步指南，然后 Hoek 等于 1992 年给出了基于三种主要岩石类型的标准地质分类描述的 m_i 值，如表 5-1 所示。

表 5-1 各类岩石的参数 m_i 值（Hoek et al.,1992）

质地	沉积岩			变质岩		火成岩		
	碳酸盐	碎屑	化学品	碳酸盐	硅酸盐	长石	镁铁质	镁铁质
粗糙的	白云石 10.1	砾岩 （20）		大理岩 9.3	片麻岩 29.2	花岗岩 32.7	辉长岩 25.8	斑岩 21.7
中等的	白垩 19.3	砂岩 18.8	燧石 19.3		角闪岩 31.2		粗粒玄武岩 15.2	

续表

质地	沉积岩			变质岩		火成岩		
	碳酸盐	碎屑	化学品	碳酸盐	硅酸盐	长石	镁铁质	镁铁质
精细的	石灰岩 8.4	粉砂岩 9.6	石膏 15.5		石英岩 23.7	流纹岩 (20)	安山岩 18.9	玄武岩 (17)
非常精细的		黏土岩 3.4	硬石膏 13.2		板岩 11.4			

注：括号内为估计值。

在上表的基础上，Hoek 等(1997)，Marinos 等(2001)结合大量来自工程地质学者的实验室数据和工程经验的积累，提出了针对各类岩石(质地和矿物成分)的详细 m_i 取值表，如表 5-2 所示。

表 5-2　各类岩石的参数 m_i 值(Hoek et al.，1997；Marinos et al.，2001)

岩石类型	分类	小类	质地			
			粗糙的	中等的	精细的	非常精细的
沉积岩	碎屑		砾岩(21±3)① 角砾岩(19±5)	砂岩 17±4	粉砂岩 7±2 硬砂岩(18±3)	黏土岩 4±2 页岩(6±2) 泥灰岩(7±2)
	非碎屑	碳酸盐	结晶灰岩(12±3)	粉晶灰岩(10±2)	微晶灰岩(9±2)	白云岩(9±3)
		蒸发盐		石膏 8±2	硬石膏 12±2	
		有机物				白垩 7±2
变质岩	非片理化		大理岩 9±3	角页岩(19±4) 变质砂岩(19±3)	石英岩 20±3	
	轻微片理化		混合岩(29±3)	闪岩 26±6	片麻岩 28±5	
	片理化②			片岩 12±3	千枚岩(7±3)	板岩 7±4
火成岩	深成类	浅色	花岗岩 32±3 花岗闪长岩(29±3)	闪长岩 25±5		
		深色	辉长岩 27±3 苏长岩 20±5	粗粒玄武岩 (16±5)		
	半深成类		斑岩(20±5)		辉绿岩(15±5)	橄榄岩(25±5)
	火山类	熔岩		流纹岩(25±5) 安山岩 25±5	英安岩(25±3) 玄武岩(25±5)	黑曜岩(19±3)
		火山碎屑	集块岩(19±3)	角砾岩(19±5)	凝灰岩(13±5)	

① 括号内值为估计值。
② 该行中值为垂直于片理层状面的岩样测试所得。需指出当沿着弱面破坏时 m_i 值将会明显不同。

5.1.2　m_i 的试验取值

岩石参数 m_i 虽然可以方便地通过表 5-2 获得，但由于表 5-2 提供的是一个范围值，更加精确的取值需通过一系列的室内试验获得。岩石参数 m_i 可以通过单轴压缩试验、常规三轴压缩试验、真三轴压缩试验、直接拉伸试验、间接拉伸试验和声发射测试等试验获得。

1) 通过单轴压缩试验、常规三轴压缩试验和真三轴压缩试验对 m_i 取值

可将式(2-14)(s=1)改写如下：

$$m_i = \frac{(\sigma_1 - \sigma_3)^2 - \sigma_c^2}{\sigma_c \sigma_3} \qquad (5-1)$$

通过一系列的单轴压缩试验、常规三轴压缩试验和真三轴压缩试验,运用最小二乘法(LS)拟合试验数据可取定 m_i 值。

2) 通过单轴压缩试验和直接拉伸试验对 m_i 取值

如果拥有直接拉伸试验条件,m_i 可以通过单轴压缩试验和直接拉伸试验得到(Colak et al.,2004),如下：

$$m_i = \sigma_t / \sigma_c - \sigma_c / \sigma_t \qquad (5-2)$$

式中：σ_t—岩石的间接拉伸强度(以压为正,下同)。

3) 通过单轴压缩试验和间接拉伸试验对 m_i 取值

由于直接拉伸试验在实施时比较困难,通常应用间接拉伸试验(巴西试验)进行代替,Gercek(2002)提出了对 m_i 取值的表达式如下：

$$m_i = 16\sigma_{tB} / \sigma_c - \sigma_c / \sigma_{tB} \qquad (5-3)$$

式中：σ_{tB}—岩石的间接拉伸强度。

4) 通过单轴压缩试验和声发射测试对 m_i 取值

Cai(2010)基于 Griffith 理论,分析了直接拉伸和压缩条件下的裂纹起裂强度,通过推导得出单轴抗压试验中的初始起裂强度是单轴抗拉强度的 8 倍,提出了对 m_i 取值的表达式如下：

$$m_i = 8\sigma_c / \sigma_{c,i} \qquad (5-4)$$

式中：$\sigma_{c,i}$—岩石的单轴抗压试验中的初始起裂强度,可通过声发射测试得到,Cai(2010)提出的方法是对式(5-2)的一种近似简化。

5) 通过对完整岩石材料的非线性莫尔包络线的分析对 m_i 取值

当已知零正应力情况下完整岩石材料的瞬时摩擦角 φ_0 时,m_i 表达式如下：

$$m_i = \frac{4\sin\varphi_0}{(1 - \sin\varphi_0)(1 + 2\sin\varphi_0)^{0.5}} \qquad (5-5)$$

需要注意的是,以上各种 m_i 的确定方法都是将岩石视为各向同性的,但实际存在的岩石完全各向同性的可能性是很低的,所以在进行 m_i 的取值时也应该根据实际情况考虑各向异性对其值的影响。

目前主要有三种方法来判断一种岩石是否为各向异性及其各向异性的程度,它们分

别是:各向异性率判定法、点荷载强度各向异性指数判定法和横向同性材料的弹性各向异性参数判定法。本书主要对前两种进行简单介绍。

（1）各向异性率 R_c 表达式如下:

$$R_c = \frac{\sigma_{c(90°)}}{\sigma_{c(\min)}} \tag{5-6}$$

式中:$\sigma_{c(90°)}$——在定向角度 90°的单轴抗压强度;

$\sigma_{c(\min)}$——定向测量单轴抗压强度的最小值。

当各向异性率已知时即可根据表 5-3 对岩石的性能进行判定。

表 5-3　据各向异性率岩石性能划分表

R_c 范围	岩石分类
$1.0 \leqslant R_c < 1.1$	各向同性
$1.1 \leqslant R_c < 2.0$	低各向异性
$2.0 \leqslant R_c < 4.0$	中各向异性
$4.0 \leqslant R_c < 6.0$	高各向异性
$6.0 \leqslant R_c$	特高各向异性

（2）点荷载强度各向异性指数表达式如下:

$$I_{a(50)} = \frac{I_{s(50)}}{I'_{s(50)}} \tag{5-7}$$

式中:$I_{s(50)}$——垂直平面的点荷载强度;

$I'_{s(50)}$——平行平面的点荷载强度。

当点荷载强度各向异性指数已知时即可根据表 5-4 对岩石的性能进行判定。

表 5-4　据点荷载强度各向异性指数岩石性能划分表

$I_{a(50)}$ 范围	岩石分类
$I_{a(50)} < 1.1$	似各向同性
$1.1 \leqslant I_{a(50)} < 1.5$	相对各向异性
$1.5 \leqslant I_{a(50)} < 2.5$	中各向异性
$2.5 \leqslant I_{a(50)} < 3.5$	高各向异性
$3.5 \leqslant I_{a(50)}$	特高各向异性

根据上述方法判定岩石为各向异性后,在 m_i 取值时则需考虑各向异性的影响,目前最常见的方法用一个考虑节理面角度的幂函数反映各向异性的影响,表达式如下:

$$\frac{m_{i(\beta)}}{m_{i(90°)}} = 1 - A\exp\{-[\beta - B)/(C + D\beta)]^4\} \tag{5-8}$$

式中：$m_{i(90°)}$——β 等于 90°条件下的 m_i 值；

A、B、C、D——通过试验数据统计拟合得到的参数。

5.2 岩石单轴抗压强度 σ_c 的确定

在广义三维非线性岩体强度准则中，岩石单轴抗压强度 σ_c 同样作为重要的参数影响了岩体强度，确定 σ_c 采用的试验方法主要包括岩石单轴抗压强度试验、点荷载试验和岩石三轴压缩及变形试验。下面参考《工程岩体试验方法标准》(GB/T－50266—2013)介绍部分试验方法。

5.2.1 岩石单轴抗压强度试验

现场测试时，单轴抗压强度 σ_c 可通过单轴抗压强度试验获得，该方法适用于能制成规则试件的各种岩石。

1）基本原理

岩石的单轴抗压强度是指岩石试样在单向受压至破坏时，单位面积上所承受的最大压应力，一般简称为抗压强度，计算公式如下：

$$\sigma_c = \frac{P}{A} \tag{5-9}$$

式中：P——破坏载荷，N；

A——试样截面积，mm^2。

根据岩石的含水状态不同，岩石的单轴抗压强度又分为干抗压强度和饱和抗压强度，一般情况下干抗压强度大于饱和抗压强度，这是由于岩石吸水后软化系数变大，软化性增强，岩石的抗压强度随之降低。

岩石的软化系数为饱和状态下的抗压强度与干燥状态下的抗压强度之比，饱和抗压强度在对试件进行饱水处理后进行测定，干燥抗压强度采用室内风干试样或烘干试件进行测定，计算公式如下：

$$K_d = \frac{\sigma_{cw}}{\sigma_{cd}} \tag{5-10}$$

式中：K_d——岩石软化系数；

σ_{cw}——饱和状态下的抗压强度；

σ_{cd}——干燥状态下的抗压强度。

岩石的单轴抗压强度常通过在压力机上直接压坏标准试样测得，有时也可与岩石的单轴压缩变形试验同时进行，又或者采用其他方式间接求得。

2）试验设备

试验设备包括：

① 制样设备,包括钻岩机、切石机、磨片机和车床等;

② 测量平台、卡尺等;

③ 烘箱、干燥箱;

④ 水槽、煮沸设备或真空抽气设备;

⑤ 压力机。

3) 试件制备

试件可用岩心或岩块加工制成,在试件取样和制备过程中应避免出现裂缝,否则会影响试验结果。

一般将试件加工为直径 5 cm、高 10 cm 的圆柱体或断面边长为 5 cm,高为 10 cm 的方柱体,且在统一含水率的情况下每组试样必须制备 3 块。试样的精度要求应满足下列要求:

① 沿试样高度,试样的直径误差不得超过 0.03 cm;

② 试样两端不平行时误差不得超过 0.005 cm;

③ 试样两端面不垂直于轴线的误差不得超过 0.25°;

④ 方柱体试样的相邻两面不垂直误差不得超过 0.25°。

根据试验所需要求在试验前应对试件进行烘干或饱和处理:

① 烘箱烘干。先在 105～110 ℃温度下烘 24 h,后将试件放入干燥器冷却至室温称量。

② 自由浸水法饱和。首先试件刚放入水槽时先注水至试件高度 1/4 处,然后每隔 2 h 分别注 1/4 试件高度的水,6 h 后使试件全部浸没在水中,让试件自由吸水 48 h。最后取出试件,擦拭表面水,进行称量。

③ 煮沸法饱和。先将试件置于煮沸容器中且使水面高度高于试件高度,保持此状态煮沸至少 6 h。后将试件置于原容器冷却至室温,擦拭表面水分,进行称量。

④ 真空抽气法饱和。先在真空压力表读数为 100 kPa 且保证饱和容器内的水面高度高于试样高度的情况下进行抽气,直至无气泡逸出,但总抽气时间应该大于 4 h。后将试件置于大气压下 4 h,擦拭表面水分,进行称量。

4) 试验操作

在试验前,应该对试样的名称、颜色、矿物成分、风化程度、加荷方向、岩石试样内层理、节理、裂隙的关系和试样加工中出现的问题进行相关描述。

试验一开始需要安装试件,将试样置于试验机承压板中心,调整球形座,使之均匀受载,然后以每秒 0.5 MPa～1.0 MPa 的加载速度进行加荷,当试样临近破坏时,适当放慢加荷速度,并事先设防护罩,以防止脆性坚硬岩石突然破坏时岩屑飞射,待试件破坏时记下破坏荷载,同时观察试件的破坏形态并记录相关情况。

岩石的单轴抗压强度可以按照式(5-9)进行计算,其中 P 为破坏荷载(N),A 为垂直于加荷方向的试样断面积(mm^2)。

5) 试验记录

单轴抗压强度试验记录应该包括工程名称、试件取样位置、试件编号、试件尺寸、试件破坏描述和破坏荷载等,可参照下表5-5进行试验记录。

表 5-5　单轴抗压强度试验记录表

工程名称＿＿＿＿＿＿＿　　　　试件取样位置＿＿＿＿＿＿　　　　试验时间＿＿年＿＿月＿＿日

试件编号	试件尺寸/mm		受力方向	受力面积 A/mm^2	试件破坏描述	破坏荷载 P/N	单轴抗压强度 σ_c/MPa	
	直径(长、宽)	高					单个值	平均值

试验操作者＿＿＿＿＿＿

试验记录者＿＿＿＿＿＿

5.2.2　点荷载试验

由于工程的不确定性,有些工程在现场进行岩体单轴抗压强度测试时无法采用单轴抗压强度试验,这时就需要进行点荷载强度试验换算求得岩体的单轴抗压强度。点荷载强度试验适用于各类岩石。

1) 基本原理

岩石的点荷载强度是将岩石试样置于两个球形圆锥状压板之间,然后对试样施加集中荷载直至破坏,最后根据破坏荷载所计算出的强度。岩石点荷载强度表达式如下:

$$I_s = \frac{P}{D_e^2} \tag{5-11}$$

式中:I_s—未修正的岩石点荷载强度(MPa);

　　P—破坏荷载(N);

　　D_e—等效岩心直径。

2) 试验设备

试验设备包括:

① 制样设备,即地质锤;

② 卡尺或卷尺;

③ 点荷载试验仪。

3) 试件制备

试件可以选用钻孔岩心试件,也可以选用方块体和不规则块体试件。在试件取样和制备过程中应避免出现裂缝,否则会影响试验结果。一般同一含水状态下的岩心试件数量为每组5~10个,方块体和不规则块体试件的数量为每组15~20个。试件的含水状态可以根据试验需求选择,试件的烘干与饱和可以参照单轴抗压强度试验。

试件的尺寸要求应符合下列规定：

① 对于岩体试件，做径向试验时，岩心试件的长度/直径≥1；做轴向试验时，0.3≤加荷两点间距/直径≤1.0。

② 对于方块体和不规则体试件，其尺寸宜为 50 mm±35 mm；0.3≤加荷两点间距/加荷处平均宽度≤1.0；试件的长度≤加荷两点间距。

4）试验操作

在试验前应对试件的名称、颜色、矿物成分、结构、构造和风化程度进行描述，同时也应对于试件的形状及制备方法、加载方向与层理、片理、节理的关系进行相关的描述。

① 在进行径向试验时，将岩心试件放入球端圆锥之间，使其与试件直径两端紧密接触。加载点距试件自由端的最小距离应≥0.5×加载点间距。

② 在进行轴向试验时，将岩心试件放入球端圆锥之间，使加载方向垂直于试件端面，同时使上下锥端连线通过岩心试件圆心处且紧密接触。也应该在试验时测量加载点间距及垂直于加载方向的试件宽度。

③ 对于方块体与不规则块体，加载时应在试件最小尺寸方向加载，将试件放入球端圆锥之间，使上下锥端连线通过试件中心处并与其紧密连接。也应该在试验时测量加载点间距及通过两加载点最小截面的宽度或平均宽度。

④ 以能保证试件在 10 s～60 s 内破坏的加荷速度稳定地施加荷载，随后记录下破坏荷载。这时如果条件允许的话可以测量加载点间距。

⑤ 试验结束后描述试件的破坏形态。如果试件的破坏面横贯整个试件的截面且通过点荷载试验仪的两个加载点的试验，那么该实验为有效试验；如果破坏面只通过一个加荷点或发生局部破坏，那么该试验无效且需要重新试验。

5）试验记录

点荷载强度试验记录应该包括工程名称、试件取样位置、试件编号、试件形状、试件尺寸、含水状态、试件类型、加载点间距、试件破坏描述和破坏荷载等，可参见表5-6进行试验记录。

表 5-6　点荷载强度试验记录表

工程名称＿＿＿＿＿＿＿＿　　　　试件取样位置＿＿＿＿＿＿＿　　　　试验时间＿＿年＿＿月＿＿日

试件编号					
试件类型					
试件尺寸/mm	长				
	宽				
	高				
含水状态					
加载点间距 D/mm					

破坏瞬间加载点间距 D'/mm				
破坏面宽度 W/mm				
受力方向				
试件破坏描述				
破坏荷载 P/N				

试验操作者 ＿＿＿＿＿＿＿＿

试验记录者 ＿＿＿＿＿＿＿＿

6）点荷载强度计算

岩石点荷载强度计算可以参照式（5-11），但其中参数确定根据试验情况不同也各有差异，在此特别说明。

当进行径向试验时，等效岩心直径表达式如下：

$$D_e^2 = D \times D' \tag{5-12}$$

式中：D_e——等效岩心直径，mm；

　　D——加载点间距，mm；

　　D'——上下锥端发生贯入后，试件破坏瞬间的加载点间距，mm。

当进行轴向试验以及方块体和不规则体进行试验时，等效岩心直径表达式如下：

$$D_e^2 = \frac{4WD'}{\pi} \tag{5-13}$$

当测得的点荷载强度数据在每组 15 个以上时，将最高和最低值各删去 3 个，当测得的数据较少时，则仅将最高和最低值删去，然后再求其算术平均值来作为该组岩石的点荷载强度，最后结果取至小数后二位。

将岩石点荷载强度换算为岩石单轴抗压强度时，点荷载强度应该取等效岩心直径为 50 mm 时候的强度，因此对于等效岩心直径不为 50 mm 的岩石要进行修正。

如果试验数据较多且有多种不等于 50 mm 的等效岩心直径，这时应该绘制等效岩心直径平方与破坏荷载 P 的关系曲线，同时在绘制完成后找出 $D_e = 2\,500$ mm^2 所对应的 P 值，岩石点荷载强度表达式如下：

$$I_{s(50)} = \frac{P_{50}}{2\,500} \tag{5-14}$$

式中：$I_{s(50)}$——等效岩心直径为 50 mm 的岩石点荷载强度指数，MPa；

　　P_{50}——根据 D_e^2-P 关系曲线求得的 D_e^2 为 2 500 mm^2 时的 P 值，N。

如果等效岩心直径不等于 50 mm 且试验数据较少时，岩石的点荷载强度表达式如下：

$$I_{s(50)} = F \times I_s$$

$$F = \left(\frac{D_e}{50}\right) m \tag{5-15}$$

式中：F—修正系数；

m—取 $0.40 \sim 0.45$，或者可以根据同类岩石的经验值确定。

当得知等效岩心直径为 50 mm 的岩石的点荷载强度时，可以通过换算得到岩石的单轴抗压强度 σ_c，表达式如下：

$$\sigma_c = 22.821 \times I_{s(50)} \tag{5-16}$$

5.3 基于地质强度指标(GSI)确定岩体参数 m_b, s, a

广义三维非线性岩体强度准则的一个重要环节是从室内岩石向现场岩体拓展，如何获得工程中岩体参数是制约进一步开展工程评价、分析、设计等的关键因素。由第 2 章、3 章所知，Hoek-Brown 强度准则与广义三维非线性强度准则的岩体参数与工程岩体分级密切相关。如 Hoek 等(1988)基于 RMR 确定岩体参数[式(2-16)、式(2-17)]，Hoek(1994)、Hoek 等(1995)引入与 Hoek-Brown 强度准则相配套的地质强度指标 GSI 替换 RMR[式(2-18)、式(2-19)]，Hoek 等(2002)引入一个新参数 D，基于 GSI 确定岩体参数[式(2-20)]。

5.3.1 GSI

GSI 的基本特征是物理概念清晰，即采用岩体结构和结构面状态来描述岩体质量。最初的 GSI 基于岩体结构的视觉印象，用于估计现场观测确定的不同地质条件下岩体强度的衰减即岩体参数(Hoek 1994；Hoek et al.，1995)；Hoek 等(1998)将 GSI 延伸，以容纳最弱的雅典片岩岩体。根据对雅典片岩的研究，Hoek 等(1998)在 GSI 系统中引入了一个新的岩体类别，以适应非块状结构的薄层状或层状、褶皱和主要剪切的软弱岩石；Marinos 等(2000)调整了 GSI 的定性表格如图 5-1 所示。

尽管 Hoek 等人明确了 GSI 的使用范围并制定了应用指南，但是其定性表格指标量化过程要求地质工作者具有丰富的地质经验，在工程实践中存在操作性不强的问题。

Sonmez 等(1999)首次系统性地提出了 GSI 定量取值的评价方法，即建立结构面分布率、粗糙度、风化程度和填充物性质等指标与 GSI 指标的图表关系，建议采用结构等级 SR 以及表面条件等级 SRC，通过查表插值即可获得 GSI 值，GSI 量化评分表如图 5-3 所示。Cai 等(2004)采用块体体积和节理条件因子作为表征因子定量描述 GSI，其量化评分表如图 5-4 所示。这两种方法都将 GSI 定性表格(图 5-2)作为一般参考，找到了一些适当的输入标准，以获得与原始图相同的数值输出。

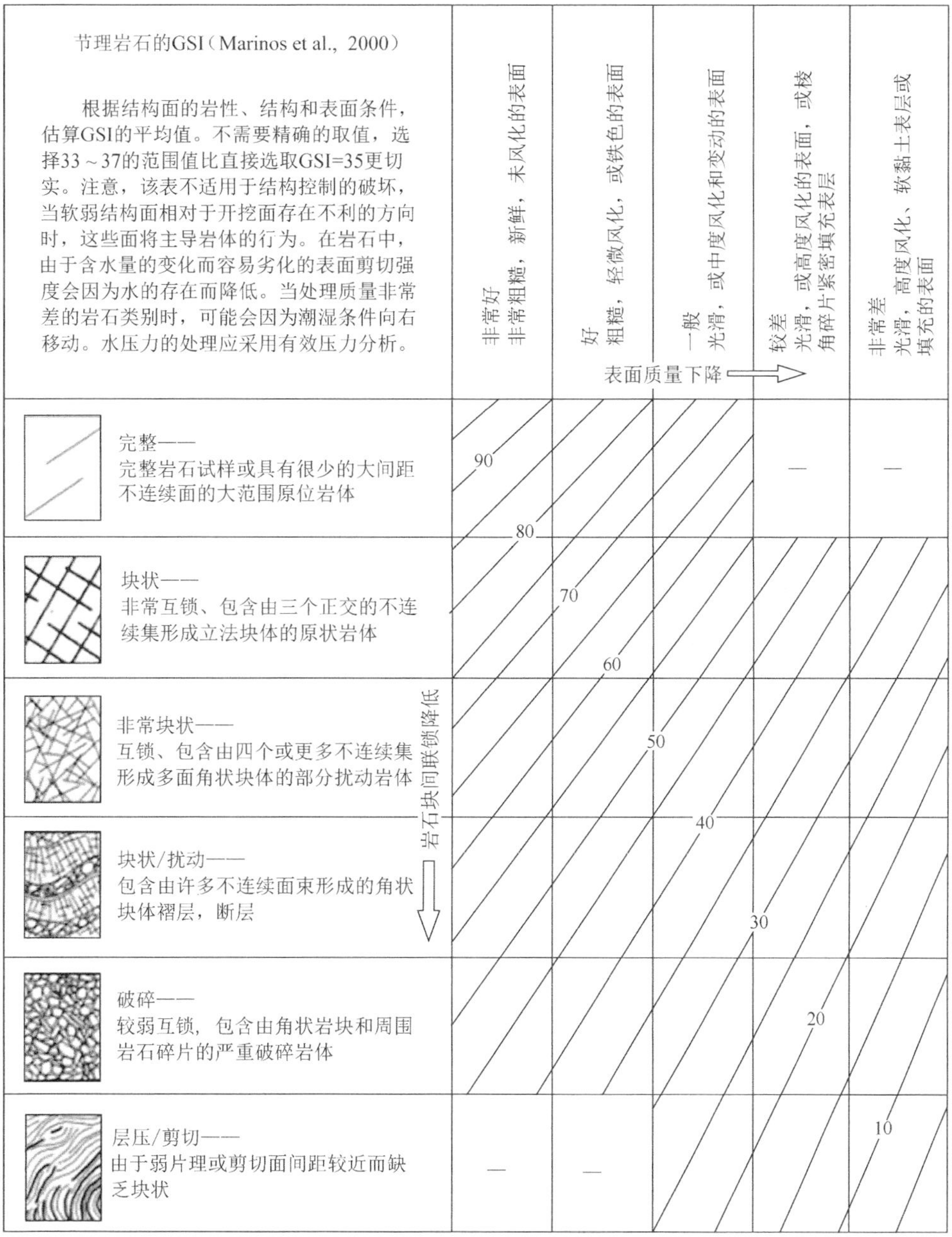

节理岩石的GSI（Marinos et al., 2000） 　　根据结构面的岩性、结构和表面条件，估算GSI的平均值。不需要精确的取值，选择33～37的范围值比直接选取GSI=35更切实。注意，该表不适用于结构控制的破坏，当软弱结构面相对于开挖面存在不利的方向时，这些面将主导岩体的行为。在岩石中，由于含水量的变化而容易劣化的表面剪切强度会因为水的存在而降低。当处理质量非常差的岩石类别时，可能会因为潮湿条件向右移动。水压力的处理应采用有效压力分析。	非常好 非常粗糙、新鲜、未风化的表面	好 粗糙、轻微风化、或铁色的表面	一般 光滑、或中度风化和变动的表面	较差 光滑、或高度风化的表面，或棱角碎片紧密填充表层	非常差 光滑、高度风化、软黏土表层或填充的表面
			表面质量下降 ▽		
完整—— 完整岩石试样或具有很少的大间距不连续面的大范围原位岩体	90				—
块状—— 非常互锁、包含由三个正交的不连续集形成立法块体的原状岩体	80 70 60				
非常块状—— 互锁、包含由四个或更多不连续集形成多面角状块体的部分扰动岩体		50			
块状/扰动—— 包含由许多不连续面束形成的角状块体褶层，断层		40		30	
破碎—— 较弱互锁，包含由角状岩块和周围岩石碎片的严重破碎岩体				20	
层压/剪切—— 由于弱片理或剪切面间距较近而缺乏块状	—	—			10

（左侧竖向：岩石块间联锁降低）

图 5 - 1　GSI 定性评价表（Marinos et al. ，2000）

5.3.2　GSI 的基本分级指标确定

本书主要采用 Sonmez 等（1999）提出的 GSI 量化评分表确定 GSI 值，下面介绍其基本分级指标 SR 和 SCR 的确定方法。

1）结构完整性指标 SR 确定

根据岩体中不连续面的分布率，Sonmez 等（1999）将岩体划分为五类：完整（I）岩体、

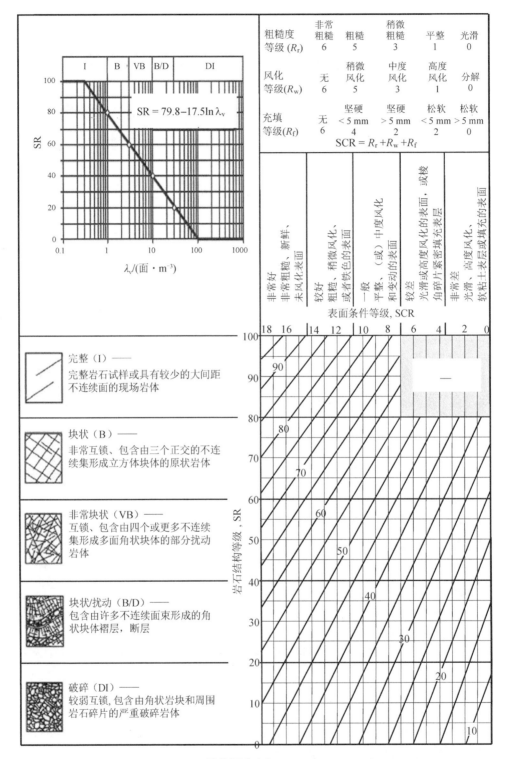

图 5-2　GSI 量化评分表 (Sonmez et al. , 1999)

块状 (B) 岩体、非常块状 (VB) 岩体、块状/扰动 (B/D) 岩体和破碎 (DI) 岩体。这五类岩体

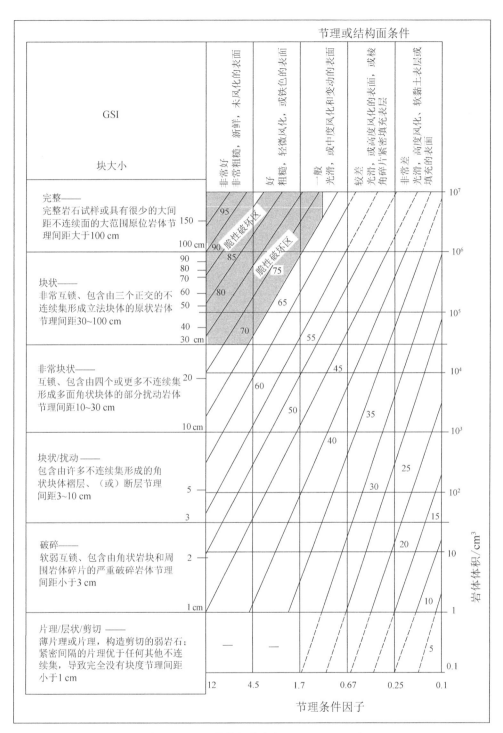

图 5 - 3 GSI 量化评分表(Cai et al. , 2004)

的性质因为不连续面分布率的不同也发生了很大的变化,部分完整(I)岩体和块状(B)岩体具有比较明显的各向异性,而其他几类岩体则不具有这个性质;纵向上来讲,块状(B)

岩体、非常块状(VB)岩体、块状/扰动(B/D)岩体之间具有比较明显的尺度效应;破碎(DI)岩体非常破碎,可以近似为均质体。

当现场试验条件可以直接测出岩体的不连续面分布率时,岩石的结构等级表达式如下:

$$SR=79.8-17.5\ln\lambda_v \tag{5-17}$$

式中:SR—结构等级;

λ_v—不连续面分布率。

岩体的不连续面分布率与岩石的结构等级函数分布图详见图5-2左上角。

当现场试验条件不允许测出准确的不连续面分布率时,只能通过对岩体进行观察,从而对岩体的完整度进行大致的定义,然后在相应的岩体结构等级范围中取经验值。岩体观察分类可以参照图5-2左侧。

当观察岩体进行分类比较困难时,也可以通过胡卸文等(2002)提出的岩体块度指数(RBI)对岩体进行分类。岩体块度指数是基于钻孔芯岩不同长度完整情况所占的百分比,反映了组成岩体的块度大小与其相互组台关系。本书基于RBI对岩石具体分类,参见表5-7。

表5-7 基于RBI的岩体分类表

结构类型	RBI
完整(I)岩体	(10,30]
块状(B)岩体、非常块状(B/D)岩体	(3,10]
块状/扰动(B/D)岩体	(1,3]
破碎(DI)岩体	[0,1]

当岩体的块度指数RBI已知时,也可以通过其与结构等级SR的相关关系将其换算成SR值,然后再对岩石进行分类。RBI与SR的换算可以参照图5-4。

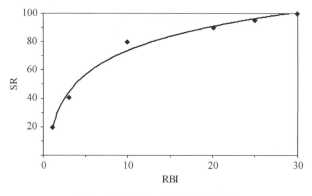

图5-4 RBI与SR关系曲线图

2）结构面条件指标 SCR 确定

（1）结构面粗糙度

结构面的粗糙度和起伏度通常用来表示相对结构面表面的不平整度，这是增加结构面抗剪强度的一个几何参数。起伏度是相对较大一级的表面不平整状态，由两个要素组成：幅度（相邻两波峰连线与其下波槽的最大距离 a）和长度（两相邻波峰之间的距离 l）。结构面侧壁的起伏形态分为：平直型、波浪型、锯齿型、台阶型和不规则型（图 5－5）。而粗糙度表示结构面的粗糙程度，是对结构面强度影响较大的因素。

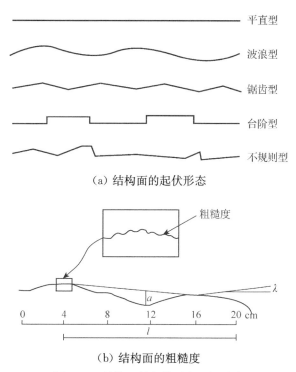

（a）结构面的起伏形态

（b）结构面的粗糙度

图 5－5　结构面的起伏形态和粗糙度

结构面的粗糙度用粗糙度系数（Joint Roughness Coefficient，JRC）表示，将结构面的粗糙度系数根据标准粗糙度剖面划分为 10 级。结构面的摩擦角随粗糙度的增大而增大。标准粗糙度剖面见图 5－6。目前用来测量粗糙节理 JRC 的主要方法是考虑了尺寸效应的 Barton 直边法（图 5－7）。

对于节理长度不为 10 cm 的粗糙节理，其节理粗糙度系数 JRC 表达式如下：

$$JRC = 40R_y \qquad (5-18)$$

式中：R_y——最大凸起高度，mm。

对于节理长度不为 10 cm 的粗糙节理，其 JRC 的计算应考虑尺寸效应，经验公式如下：

$$JRC_n = JRC_0 \left(\frac{L_n}{L_0} \right)^{-0.02JRC_0} \qquad (5-19)$$

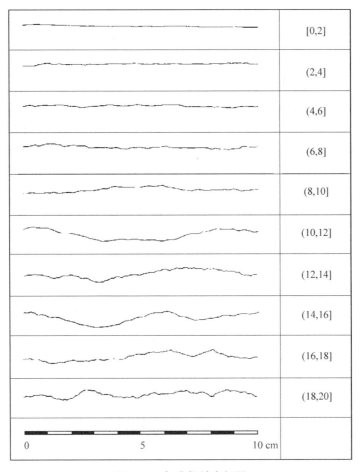

	[0,2]
	(2,4]
	(4,6]
	(6,8]
	(8,10]
	(10,12]
	(12,14]
	(14,16]
	(16,18]
	(18,20]
0 5 10 cm	

图 5-6　标准粗糙度剖面

式中：JRC_n—表示实际尺寸下节理的粗糙度系数；

JRC_0—表示实验室尺寸下节理的粗糙度系数；

L_0—实验室节理长度，10 cm；

L_n—实际节理长度，m。

根据结构面粗糙度系数 JRC 的值，将结构面粗糙度按照下表分为 5 级。如表 5-8 所示。

表 5-8　结构面粗糙度评级

粗糙程度	JRC
光滑	[0,4]
平整	(4,8]
稍微粗糙	(8,12]
粗糙	(12,16]
非常粗糙	(16,20]

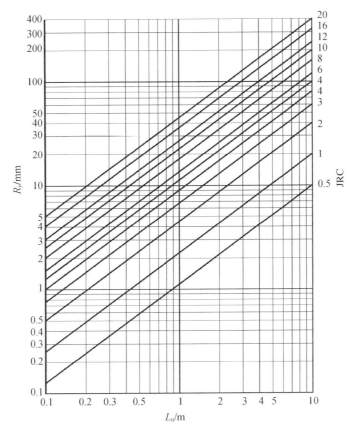

图 5-7 Barton 直边法示意图

（2）结构面风化程度

岩体结构面的风化程度信息可以通过现场观察的定性判断(颜色、矿物蚀变程度、破碎程度和开挖锤击技术特征等)和定量指标(波速比 k_v、风化系数 k_f 和纵波波速 V_{cp})来获得。

波速比 k_v 为风化岩石与新鲜岩石弹性纵波速度之比。

风化系数 k_f 为风化岩石与新鲜岩石饱和单轴抗压强度之比。

表 5-9 列出《公路工程地质勘察规范》(JTG C20—2011)中所采用的岩石风化程度划分。ISRM 给出的风化程度分级与此相似。

表 5-9 岩石风化程度的划分

风化程度	野外特征	风化程度参数指标	
		波速比 k_v	风化系数 k_f
未风化	岩质新鲜,偶见风化痕迹	0.9～1.0	0.9～1.0
微风化	结构基本未变,仅节理面有渲染或略有变色,有少量风化裂隙	0.8～0.9	0.8～0.9
中风化	结构部分破坏,沿节理面有次生矿物,风化裂隙发育,岩体被切割成岩块。用镐难挖,岩芯钻方可钻进	0.6～0.8	0.4～0.8

续表

风化程度	野外特征	风化程度参数指标	
		波速比 k_v	风化系数 k_f
强风化	结构大部分破坏,矿物成分显著变化,风化裂隙很发育,岩体破碎,用镐可挖,干钻不易钻进	0.4～0.6	<0.4
全风化	结构基本破坏,但尚可辨认,有残余结构强度,用镐可挖,干钻不易钻进	0.2～0.4	—

3) 结构面充填物

结构面的张开度指结构面两壁间的垂直距离,处在结构面裂隙中的水流残积物、结构面面壁风化残积物等被称为结构面的充填物。结构面的开度和充填物厚度是两个相互依存的参数,一般开度较大的结构面也具有较厚的充填物,这两参数通过影响结构面的性质,进而对岩体的性质产生一定的影响。

岩石充填物指隔离结构面两相邻岩壁的物质,例如钙膜或细脉或石英脉,它的强度一般是比母岩要弱的,同时不同充填物的胶结程度也不同,因此其含量的多少势必会对岩石的强度造成影响,所以需要对岩石的充填等级进行评估。本书建议将充填等级分为无、坚硬(<5 mm)、坚硬(>5 mm)、松软(<5 mm)、松软(>5 mm)五个等级。

风化程度等级、粗糙度等级和充填等级统一构成岩体不连续面的表面条件等级,引入表面条件等级参数 SCR,其与结构等级 SR 共同组成影响地质强度指标 GSI 的两大因素。

以表面条件等级 SCR 为横坐标,结构等级 SR 为纵坐标,则 GSI 可以通过图 5-3 得到。

5.3.3 基于 GSI 确定岩体参数 m_b,s,a

基于 GSI 分级指标可以通过式(2-20)计算得到岩体参数 m_b,s,a,下面简要介绍其计算流程:

① 根据岩体种类及室内试验获得岩石 m_i 值;

② 根据 GSI 量化评分表(图 5-3)确定 GSI;

③ 根据岩体信息及施工条件确定干扰参数 D(表 2-5);

④ 根据式(2-20)确定岩体参数 m_b,s,a。

以明堂山隧道 10 个开挖面的岩体数据为例,演示岩体参数 m_b 确定的过程,确定结果见表 5-10。

表 5-10 10 个隧道开挖面岩体参数 m_b,s,a 确定结果表

试验确定		工程岩体分级	干扰参数	岩体参数		
UCS/MPa	m_i	GSI	D	m_b	s	a
181.52	31.00	81.80	0.00	16.19	0.13	0.50
150.65	28.00	67.26	0.50	5.89	0.01	0.50
122.23	29.00	69.80	0.00	9.86	0.03	0.50

试验确定		工程岩体分级	干扰参数	岩体参数		
UCS/MPa	m_i	GSI	D	m_b	s	a
106.55	28.00	69.58	0.70	5.26	0.01	0.50
173.36	28.00	85.89	0.00	16.92	0.21	0.50
122.25	27.00	68.09	0.00	8.64	0.03	0.50
135.57	29.00	65.16	0.80	3.65	0.01	0.50
162.28	31.00	47.43	0.00	4.74	0.01	0.51
121.24	26.00	35.65	1.00	0.26	0.00	0.52
105.18	33.00	88.55	0.50	19.13	0.22	0.50

5.4 基于其他工程岩体分级方法确定岩体参数 m_b, s, a

目前国内外的工程岩体分级方法种类繁多,常用的有 Deere(1964)提出的岩石质量指标 RQD 法,Bieniawski(1973)提出的岩体地质力学分类 RMR 法,Celada 等(2014)在 RMR 法的基础上提出的 RMR₁₄法,Barton 等(1974)提出的 Q 值法等。国内的工程岩体分级方法虽起步较晚,但逐渐地与国际标准接轨,常用的有《水利水电工程地质勘察规范》(GB 50487—2008)、《工程岩体分级标准》(GB/T 50218—2014)等。

GSI 作为与 Hoek-Brown 强度准则相配套的工程岩体分级方法,其替换最初的 RMR 作为确定岩体参数 m_b, s, a 的指标。当现场使用其他工程岩体分级方法确定围岩强度后,可根据它们与 GSI 的相关性确定岩体参数。

5.4.1 其他工程岩体分级方法与 GSI 的相关性

Q 分类系统能够用于估计岩体的强度与变形模量,且软、硬岩均适用,在处理极其软弱的岩层时推荐用此方法。RMR 分类系统也能够用于估计岩体的强度与变形模量,但此系统不适用于受挤压、膨胀和涌水的极软弱的岩体问题。GSI 是一种直接与莫尔—库伦破坏准则、Hoek-Brown 破坏准则相联系,通过估算,获得 Hoek-Brown 准则强度参数、等效莫尔—库伦准则强度参数和变形模量等一整套岩体力学参数的岩体质量评价系统,该方法适用于岩石工程的各个阶段,可为节理岩体的稳定性分析(数值模拟)提供岩体力学参数。

Bieniawski(1984)在综合 111 个工程实例的基础上,给出了 RMR 与 Q 的经验关系如下:

$$RMR = 9\ln Q + 44 \tag{5-20}$$

Hoek 等(1997)指出,对于较高质量岩体(GSI>25),GSI 与 RMR₈₉存在经验关系如下:

$$GSI = RMR_{89} - 5 \tag{5-21}$$

式中:RMR$_{89}$将地下水评分取为 15 而不考虑节理走向的影响。

GSI 和 RMR 有各自的考虑指标和应用范围,表 5-11 按时间顺序归纳了现有的 RMR 和 GSI 的关系式并于图 5-8 中画出它们的曲线。这些关系式都是通过对具体项目实践结果进行分析回归得到。极少研究着眼于基本的分类指标即二级指标来评估 RMR 和 GSI 之间的定量关系。

表 5-11 现有 RMR 和 GSI 之间的关系式

现有公式	文献来源	公式序号
RMR=GSI+5	Hoek et al. , 1997	式(5-22)
RMR=2.38GSI−54.93	Coşar, 2004	式(5-23)
RMR=20ln(GSI/6)	Osgoui et al. ,2005	式(5-24)
RMR=1.35GSI−16.40	Irvani et al. , 2013	式(5-25)
RMR=1.36GSI+5.90	Singh et al. , 2013	式(5-26)
RMR=1.01GSI+4.95	Ali et al. , 2014	式(5-27)

Zhang 等(2019a)在基本分类指标的基础上推导了 GSI 和 RMR 的简化定量关系式如下:

$$RMR=0.827GSI+15.394 \tag{5-28}$$

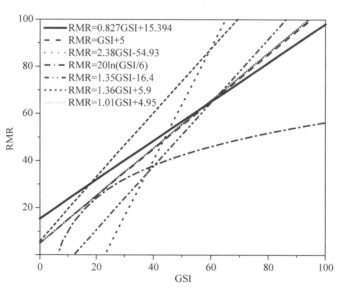

图 5-8 RMR 与 GSI 定量关系图

5.4.2 根据 RMR 与 GSI 的相关性确定岩体参数

由于 RMR 分级方法所考虑的信息相对全面,能准确地表示工程岩体的特性,故采用

RMR 分级方法作为岩体参数 m_b 确定的基准分级方法。整体流程见图 5-9。

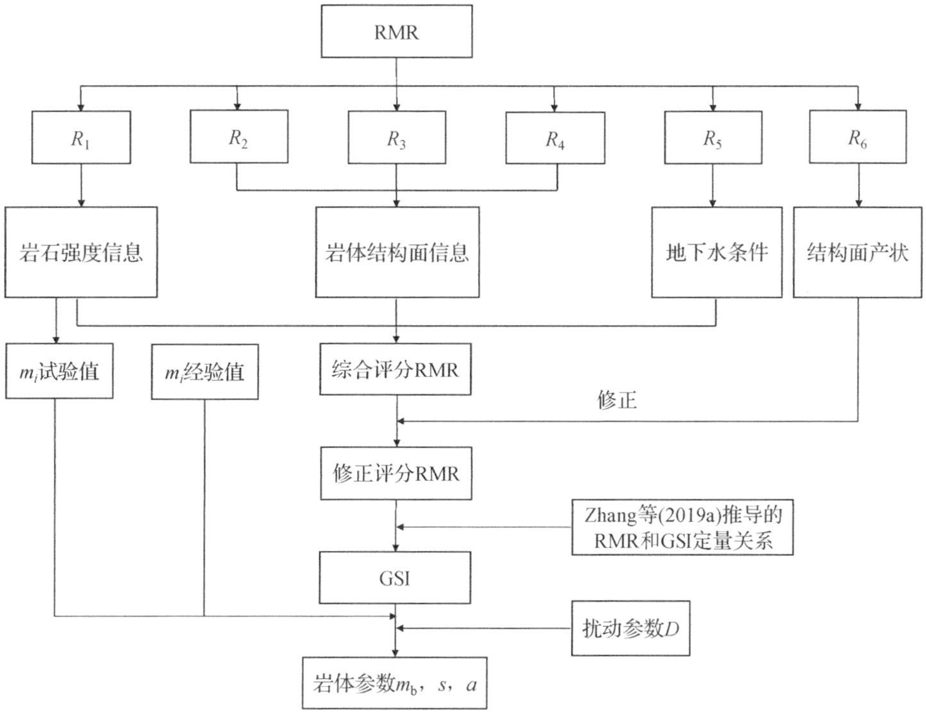

图 5-9　基于 RMR 岩体分级方法确定岩体参数流程图

首先根据经验判断法或者试验法确定 m_i 值,根据 RMR 分级得到 RMR 值,再由 Zhang 等(2019a)推导得到的 RMR 和 GSI 的定量关系[式(5-28)]反推得到 GSI,考虑扰动参数 D 的影响,其取值见表 2-5,最后根据 GSI 和 D 值可由式(2-20)确定岩体参数 m_b,s,a。

5.5　本章小结

本章主要有以下内容:

① 介绍了 m_i 经验判断方法,并总结了 m_i 取值表格的演化过程,在此基础上给出准确的 m_i 试验取值法,并且给出多个室内试验确定 m_i 的计算公式。

② 参考《工程岩体试验方法标准》(GB/T-50266—2013)介绍部分试验方法,并给出确定岩石单轴抗压强度 σ_c 的计算公式。

③ 基于地质强度指标 GSI 确定岩体参数 m_b,s,a,总结的 GSI 的发展历程,并给出 GSI 基本分级指标的获取方法,以 10 个隧道开挖面的岩体数据为例子,演示了基于 GSI 的岩体参数确定过程。

④ 归纳了其他工程岩体分级方法与 GSI 的定量相关性并在此基础上给出基于其他工程岩体分级方法确定岩体参数 m_b,s,a 的整体流程。

6 广义三维非线性岩体强度准则的参数颗粒流建模

本章基于颗粒流对岩石进行细观数值建模和数值试验来获取宏观岩石参数,建立颗粒细观参数和宏观岩石参数的联系,实现对修正广义三维非线性岩体强度准则的岩石参数的系统性的研究。首先,对颗粒流的理论原理进行介绍;在此基础上采用细观球形颗粒对岩石进行数值建模,研究颗粒的尺寸、尺寸分布、粘结模型、粘结的法向和切向强度、颗粒间摩擦系数等细观参数对修正广义三维非线性岩体强度准则的岩石参数 $m_i(m_i <$ 12)的影响;但所建立细观球形颗粒数值模型只能适用于部分的岩石($m_i < 12$)、破碎(DI)岩体,不能适用大部分的岩石。为解决这一问题,提出使用细观非球形颗粒进行数值建模的解决方法,即基于颗粒流细观非球形颗粒间接建模的方法,给出间接建模的完整过程和相应的循环逻辑算法;采用细观非球形颗粒对岩石进行数值建模,研究非球形颗粒的数量、尺寸、长宽比、形状等细观参数对修正广义三维非线性岩体强度准则的岩石参数 $m_i(m_i > 12)$的影响;进一步对两种真实岩石:LDB(Lac du Bonnet)花岗岩和 Carrara 大理岩进行数值建模重现,采用数值真三轴岩石强度试验,测试并验证岩石数值模型的修正广义三维非线性岩体强度准则参数,在此基础上引申到对块状/扰动(B/D)和破碎(DI)岩体参数 m_b, s, a 的研究。

6.1 颗粒流模型的概述

颗粒流模型采用离散元法(Cundall et al.,1979)来模拟刚性体的球形颗粒之间的运动和相互作用。颗粒流可以计算离散单元之间(可以是完全分离)的位移和旋转,并且随着计算的进行可以自动生成新的接触。PFC3D(Particle Flow Code)是基于颗粒流模型、由 Itasca 公司开发的通用数值软件。PFC3D 的第一个版本是 V1.1(1995),现在成熟的版本为 V4.0。V4.0 与之前的版本相比,最大的特点是建立标准的 Fishtank 模型库,将数值建模和数值试验进行标准化的处理,研究者可以在这个基础上开展针对不同研究对象的改进工作,简化 PFC3D 的使用过程、降低 PFC3D 的使用难度。另外 V4.0 加入新型的节理等接触模型,如光滑节理接触。本章的研究是在 PFC3D 最新的版本(V4.0—184)的基础上开展的。

6.1.1 颗粒流模型计算流程

颗粒流模型计算循环如图 6-1 所示,是一个以时间步长为间隔向前推进的计算过程。每个球颗粒单元的运动定律与接触的力-位移定律交替进行。在每个时步开始时,首先通过已知单元的位置来设定单元之间的接触;然后根据单元在接触处的相对运动和接触本构模型,将力-位移定律应用于每个接触点来产生单元之间的接触力。最后根据作用在单元上的接触力、体积力及边界作用力所形成的作用合力和合力矩,将单元运动定律应用于每个单元来更新单元的速度和位置。

在基于颗粒流模型的 PFC3D 中,本节对模拟过程中作如下假设:

① 颗粒单元为刚性体;

② 接触面积与颗粒本身相比发生在很小的范围内,即点接触;

③ 接触力与颗粒重量有关,由力-位移接触定律确定;

④ 接触特性为柔性接触,接触处允许有一定的"重叠"量;

⑤ "重叠"量与接触力有关,与颗粒尺寸相比,"重叠"量很小;

⑥ 接触处有特殊的连接强度;

⑦ 颗粒单元为球形。

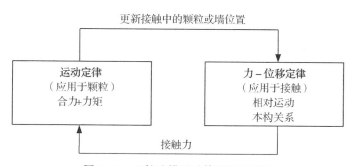

图 6-1　颗粒流模型计算循环示意图

1) 力-位移定律

在基于颗粒流模型的 PFC3D 中,球颗粒之间的相互联系是通过球颗粒接触模型来模拟,分别为滑动模型、接触粘结模型和平行粘结模型(6.1.2 节详细介绍模型)。球颗粒和墙两个实体是通过接触本构关系相互作用,接触形式有球颗粒-球颗粒和球颗粒-墙接触,如图 6-2 和图 6-3 所示,它们遵循的基本规律是力-位移规律。

接触力可以分解为法向和切向分量,如下:

$$F_i = F_i^n + F_i^s \tag{6-1}$$

式中:F_i^n——法向分量;

F_i^s——切向分量。

法向接触力-位移公式如下:

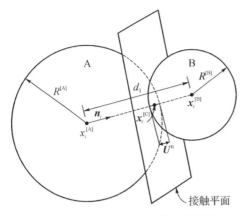

图 6‐2　球颗粒‐球颗粒接触示意图

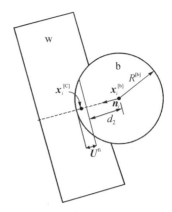

图 6‐3　球颗粒‐墙接触示意图

$$\boldsymbol{F}_i^n = \boldsymbol{K}^n \boldsymbol{U}^n \boldsymbol{n}_i \tag{6-2}$$

式中：$\boldsymbol{K}^n$—法向刚度；

　　　$\boldsymbol{U}^n$—法向位移量，等于球颗粒‐球颗粒或者球颗粒‐墙体间的变形重叠量。

　　　$\boldsymbol{n}_i$—接触的单位法向向量。

　　球颗粒‐球颗粒接触时，方向为两球心之间的指向；球颗粒‐墙接触时，方向与接触墙垂直，指向球心。

　　法向位移 $\boldsymbol{U}^n$ 的大小定义如下：

$$|\boldsymbol{U}|^n = \begin{cases} R^{[A]} + R^{[B]} - d_1, & （球颗粒‐球颗粒）, \\ R^{[b]} - d_2, & （球颗粒‐墙）, \end{cases} \tag{6-3}$$

式中：$R^{[A]}$、$R^{[B]}$、$R^{[b]}$ 分别表示球颗粒 A、B、b 的半径；

　　　d_1—球颗粒 A、B 之间的距离；

　　　d_2—球颗粒 b 与墙体 w 的距离。

　　对于球颗粒‐球颗粒接触的情况，单位法向向量如图 6‐2，表达式如下：

$$\boldsymbol{n}_i = \frac{\boldsymbol{x}_i^{[B]} + \boldsymbol{x}_i^{[A]}}{d_1} \tag{6-4}$$

式中：$\boldsymbol{x}_i^{[A]}$—球颗粒 A 的中心位置的法向向量；

　　　$\boldsymbol{x}_i^{[B]}$—球颗粒 B 的中心位置的法向向量。

　　　d_1—球颗粒 A、B 的中心距离，d_1 表达式如下：

$$d_1 = |\boldsymbol{x}_i^{[B]} - \boldsymbol{x}_i^{[A]}| = \sqrt{(\boldsymbol{x}_i^{[B]} - \boldsymbol{x}_i^{[A]})(\boldsymbol{x}_i^{[B]} - \boldsymbol{x}_i^{[A]})} \tag{6-5}$$

　　图 6‐3 所示球颗粒‐墙体接触情况，单位法向向量 $\boldsymbol{n}_i$ 可通过图 6‐4 所示的方法确定。图中 AB、BC 分别为两段墙体，在墙体与球颗粒接触的一侧，通过两条线段的端点分别作垂线，将该侧空间分为 5 个部分，如果球颗粒的中心位于 2 和 4，$\boldsymbol{n}_i$ 将沿中心线的方

向并且垂直于墙体,当球颗粒中心位于 1,3,5 时,n_i 将沿着连接球颗粒中心和墙体端点的连线。

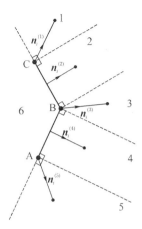

图 6-4 球颗粒-墙体接触时法向量方向示意图

球颗粒-球颗粒或球颗粒-墙的接触点位置表达如下:

$$x_i^{[C]}=\begin{cases} x_i^{[A]}+\left(R^{[A]}-\dfrac{1}{2}U^n\right)n_i, & \text{(球颗粒-球颗粒)}, \\[3mm] x_i^{[b]}+\left(R^{[b]}-\dfrac{1}{2}U^n\right)n_i, & \text{(球颗粒-墙)}, \end{cases} \tag{6-6}$$

接触力切向增量如下:

$$\Delta F_i^s = -k^s \Delta U_i^s \tag{6-7}$$

式中:k_s—切向刚度;

　　ΔU_i^s—接触的剪切位移增量。

该时步的切向力可以由切向增量加上上一时步的切向力求得,如下:

$$F_i^s \leftarrow F_i^s + \Delta F^s \tag{6-8}$$

2) 运动定律

每个颗粒的运动是由作用于其上的合力和合力矩确定。可以用颗粒的平动速度与转动速度来描述。运动方程由两组向量方程表示,一组是平动方程,另一组是转动方程,如下:

$$F_i = m(\ddot{x}_i - g_i)\text{(平动)} \tag{6-9}$$

$$M_i = I\dot{\omega}_i = \left(\frac{2}{5}mR^2\right)\dot{\omega}_i\text{(转动)} \tag{6-10}$$

式中:F_i—施加于颗粒上的合力;

　　m—球颗粒质量;

g_i—重力加速度；

M_i—合力矩；

$\dot{\omega}_i$—角加速度；

I—球颗粒转动惯量。

6.1.2 颗粒流粘结模型介绍

在基于颗粒流模型的 PFC3D 中，球颗粒之间的相互联系是通过球颗粒粘结本构模型来模拟，可以根据所研究的对象设为滑动模型、接触粘结模型或平行粘结模型。为了便于细观参数的标定，以两个球颗粒（A、B）组成的弹性梁为例，说明细观参数间的关系。梁的端点位于颗粒的中心，梁受纯压、纯剪和纯拉的作用，并且不相互耦合。

梁的半径如下：

$$\tilde{R} = \frac{R^{[A]} + R^{[B]}}{2} \tag{6-11}$$

式中：$\tilde{R}$—梁的半径。

梁的长度如下：

$$l = 2\tilde{R} = R^{[A]} + R^{[B]} \tag{6-12}$$

式中：l—梁的长度。

1）接触粘结模型

对于接触粘结模型来说，假设两个颗粒的法向和剪切刚度相等。梁的横截面面积和梁的惯性矩如下：

$$A = (2\tilde{R})^2 \tag{6-13}$$

$$I = \frac{1}{12}(2\tilde{R})^4 \tag{6-14}$$

式中：A—梁的横截面面积；

I—梁的惯性矩。

可以得到接触粘结法向和剪切刚度 k^n, k^s 与接触杨氏模量 E_c 的关系如下：

$$k^n = \frac{AE_c}{L} \tag{6-15}$$

$$k^s = \frac{12IE_c}{L^3} \tag{6-16}$$

式中：k^n—接触粘结法向刚度；

k^s—接触粘结剪切刚度；

E_c—接触杨氏模量；

L—颗粒的长度。

如果两个球颗粒的法向和剪切刚度相等,结合式(6－13)和式(6－14),可简化如下:

$$k^{\mathrm{n}}=k^{\mathrm{s}}=4E_{\mathrm{c}}\widetilde{R} \qquad (6-17)$$

接触粘结只考虑球颗粒间力的相互作用,所以通过弹性梁作用的法向和剪切强度表示如下:

$$\boldsymbol{\sigma}=\boldsymbol{T}/A \qquad (6-18)$$

$$\boldsymbol{\tau}=\boldsymbol{V}/A \qquad (6-19)$$

式中:$\boldsymbol{\sigma}$—接触粘结法向强度;

$\quad \boldsymbol{\tau}$—接触粘结剪切强度;

$\quad \boldsymbol{T}$—接触粘结的法向力;

$\quad \boldsymbol{V}$—接触粘结的剪切力。

接触粘结法向和剪切强度 $\varphi_{\mathrm{n}},\varphi_{\mathrm{s}}$ 和材料法向和剪切强度 $\sigma_{\mathrm{c}},\tau_{\mathrm{c}}$ 之间的关系如下:

$$\varphi_{\mathrm{n}}=4\sigma_{\mathrm{c}}\widetilde{R}^{2} \qquad (6-20)$$

$$\varphi_{s}=4\tau_{\mathrm{c}}\widetilde{R}^{2} \qquad (6-21)$$

2) 平行粘结模型

平行粘结模型和接触粘结模型主要的区别是:平行粘结模型可以同时考虑球颗粒粘结中的力和力矩关系,而接触粘结模型只能考虑力的关系。平行粘结模型通过假设在两个粘结的球颗粒中间存在一定厚度的类水泥物质,可起到近似的物理力学行为,粘结的厚度 $\bar{L}$,半径 $\bar{R}$。

平行粘结模型可以简化成梁,梁的横截面面积和梁的惯性矩如下:

$$A=\pi\bar{R}^{2} \qquad (6-22)$$

$$I=\frac{1}{4}\pi\bar{R}^{4} \qquad (6-23)$$

可得到平行粘结法向和剪切刚度 $\bar{k}^{\mathrm{n}}$、$\bar{k}^{\mathrm{s}}$ 与模量 $\bar{E}_{\mathrm{c}}$ 的关系如下:

$$\bar{k}^{\mathrm{n}}=\frac{\bar{E}_{\mathrm{c}}}{L} \qquad (6-24)$$

$$\bar{k}^{\mathrm{s}}=\frac{3\bar{E}_{\mathrm{c}}}{4L}(\bar{R}/\widetilde{R})^{2} \qquad (6-25)$$

平行粘结考虑球颗粒间的力和力矩的相互作用,通过弹性梁作用的法向和剪切强度表示如下:

$$\bar{\sigma}=\frac{\boldsymbol{T}}{A}+\frac{|M|\bar{R}}{I} \qquad (6-26)$$

$$\bar{\tau}=\frac{|\boldsymbol{V}|}{A}+\frac{|\boldsymbol{M}_t|\bar{R}}{J} \qquad (6-27)$$

式中：$\boldsymbol{T}$—平行粘结的法向力；

$\boldsymbol{V}$—平行粘结剪切力；

$\boldsymbol{M},\boldsymbol{M}_t$—平行粘结传递的力矩，详见图 6 – 5。

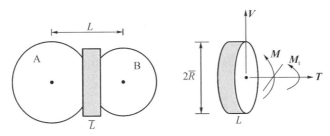

图 6 – 5　平行粘结模型

接触粘结法向和剪切强度 $\bar{\varphi}_n$、$\bar{\varphi}_s$ 和材料法向和剪切强度 σ_c，τ_c 之间的关系和式（6 – 20）以及式（6 – 21）一样。

6.1.3　基于颗粒流模型岩石力学行为

岩石的细观观测表明初始裂纹、应力引起裂纹等，压力条件下岩石的力学行为由细观裂纹的形成、发展和最终的相互作用控制，所有的压力引起的裂纹几乎和最大压力的方向平行。颗粒流模型中压力引起而形成细观节理的物理机制如图 6 – 6 所示。图中 6 – 6(a)和 6 – 6(b)是实际的楔形和阶梯形节理的细观模型，图 6 – 6(c)是颗粒流中节理的细观理想模型。颗粒流的物理机理是四个球颗粒的组合，当受到轴向压力时，接触弹簧因拉应力而分开。

Potyondy 等(2004)认为基于颗粒流的 PFC3D 在描述岩体介质特性方面具有不可比拟的优势，主要表现在如下方面：

① 能自动模拟介质基本特性随应力环境的变化；

② 能实现岩土体对历史应力-应变记忆特性的模拟效等；

③ 反映剪胀及其对历史应力等的依赖性；

④ 自动反映介质的连续非线行应力-应变关系屈服化或硬化过程；

⑤ 能描述循环加载条件下的滞后效应；

⑥ 描述中间应力增大时介质特性的脆性-塑性转化；

⑦ 能考虑增量刚度对中间应力和应力历史的依赖；

⑧ 能反映应力-应变路径引起的刚度和强度的各向异性；

⑨ 描述了强度包线的非线性特征；

⑩ 岩石介质材料微裂纹的自然产生过程；

⑪ 岩石介质破裂时声发射能的自然扩散过程。

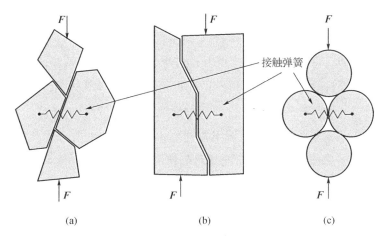

图 6-6 轴向裂纹的和球颗粒组合的理想化模型物理机制(Potyongdy et al. ,2004)

6.1.4 颗粒流模型中细观-宏观参数响应

应用颗粒流模型进行岩石的数值研究,通用的步骤如下:

① 建立人工合成的数值模型;

② 基于实验室试验所宏观性质确定相关的细观性质;

③ 对数值模型设定一个特殊的应力场或应力边界条件;

④ 对数值模型里的破坏的形成过程进行监测和可视化描述。

颗粒流模型中确定接触粘结模型需要 5 个细观参数,确定平行粘结模型需要 8 个细观参数,而确定无粘结模型需要 4 个细观参数,如表 6-1。

表 6-1 粘结模型细观参数表

接触粘结模型		平行粘结模型		无粘结模型	
		$\bar{\lambda}$	粘结厚度系数	n	颗粒孔隙率
E_c	颗粒间杨氏模量	E_c	颗粒间杨氏模量	E_c	颗粒间杨氏模量
k^n/k^s	颗粒间法向与剪切刚度比	k^n/k^s	颗粒间法向与剪切刚度比	k^n/k^s	颗粒间法向与剪切刚度比
μ	颗粒间摩擦系数	μ	颗粒间摩擦系数	μ	颗粒间摩擦系数
σ_c	接触粘结法向强度	$\bar{E}_c$	平行粘结杨氏模量		
τ_c	接触粘结剪切强度	$\bar{k}^n/\bar{k}^s$	法向与剪切刚度比		
		$\bar{\sigma}_c$	平行粘结法向强度		
		$\bar{\tau}_c$	平行粘结剪切强度		

6.1.5 颗粒块体的建模

基于颗粒流模型的数值软件 PFC3D 提供了"Clump"命令,可以先给定一个空间范围

（Range），所有隶属于这个范围的颗粒组成一个独立的颗粒块体（Clump）。在每步的计算迭代中，颗粒块体内的颗粒是刚性体、相对的空间位置是固定的，颗粒间的接触不会断开；但颗粒块体的拥有可变形的边界。"Clump"命令使得非球形颗粒的建模过程更加方便，可以实现较多颗粒块体的批量建模。岩石和岩体中基本颗粒一般是椭球体状或者椭圆饼状，可以通过这种间接的方法进行细观数值建模，建立的细观椭球体状和椭圆饼状颗粒块体如图6-7，通过调整空间范围可以建立不同长宽比的椭球体状的颗粒块体，如图6-8。从图6-7和图6-8可以看出这种间接的建模结果是非常可靠的，可以比较真实地反映细观的岩石的基本颗粒。

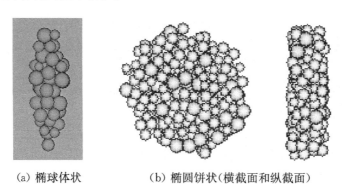

(a) 椭球体状　　　　　　　(b) 椭圆饼状（横截面和纵截面）

图6-7　细观颗粒块体建模

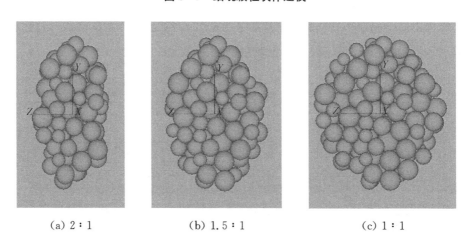

(a) 2：1　　　　　　　(b) 1.5：1　　　　　　　(c) 1：1

图6-8　不同长宽比的椭球形的颗粒块体建模

6.2　修正广义三维非线性岩体强度准则的岩石参数研究

本节采用细观球形颗粒流对岩石进行数值建模，详细介绍建模过程，进一步通过数值试验系统研究颗粒的尺寸、尺寸分布、粘结模型、粘结的法向和切向强度、颗粒间摩擦系数等细观参数对修正广义三维非线性岩体强度准则岩石参数 $m_i(m_i<12)$ 的影响,最后对这 5 种颗粒的细观参数对岩石参数 m_i 的影响进行总结和机理分析。

6.2.1 基于细观球形颗粒的岩石建模过程

在基于颗粒流的 PFC3D 中,采用细观球形颗粒建立岩石数值模型的过程主要分为 5 个步骤(Zhang et al.,2011,2012),详细介绍如下:

1) 初始组装颗粒

岩石试样为长方体,高度为 100 mm,底面为 50 mm×50 mm。采用无摩擦平面的墙来建立材料容器,然后在材料容器生成任意位置的球颗粒。共有 6 个无摩擦平面的墙形成长方体,以此模拟岩石试样形状。球颗粒的尺寸满足均匀分布,直径范围为:最小直径 D_{min} 为 1.7 mm 和最大直径 D_{max} 为 2.8 mm。为避免球颗粒之间的重叠,首先生成一半最终尺寸的初始球颗粒,然后增加球颗粒的直径至最终尺寸,通过调整球颗粒的直径和空间位置以达到静态平衡,平衡率限定为 10^{-4},步骤"初始组装颗粒"建模的结果如图 6 - 9(a)。

2) 设定各向同性的应力

继续通过调整所有球颗粒的直径,使得所有的球颗粒之间的各向同性的应力达到设定值。对于本节中所研究的岩石单轴抗压强度为 104 MPa,根据 PFC3D 手册中的推荐:选用单轴抗压强度的 0.1%,所以各向同性的压力定为 0.1 MPa。

3) 消除"浮动"的球颗粒

由于球颗粒的半径不完全相等,随机生成并通过力学上的紧密,可能会导致某些球颗粒少于 3 个接触,当单个的球颗粒接触小于 3 个时,球颗粒是不能稳定的。需要通过调整球颗粒的空间位置消除"浮动"的球颗粒,获得更加密集的接触分布,使其可以进一步进行接触设定。

4) 设定颗粒间的粘结模型

将所有的球颗粒之间的接触设置为接触粘结模型或平行粘结模型,设定后见图 6 - 9(b),图中框线为接触/平行粘结接触。需要设定的接触粘结模型和平行粘结模型的细观参数,如模量、法向和切向刚度之比、摩擦系数等(详见 6.1.4 节的介绍)。设定的参数的值需要进行校准,本节的研究选用单轴抗压强度 104 MPa 和杨氏模量 43 GPa,作为岩石宏观强度和变形参数进行校准。建立的岩石数值模型中共含有 26 850 个球颗粒和 70 268 个平行粘结模型。

5) 移除材料容器

通过移除材料容器完成数值模型生成过程,见图 6 - 9(c)。在材料容器释放的过程中,通过颗粒的扩大形成颗粒间可以自平衡的互锁力。

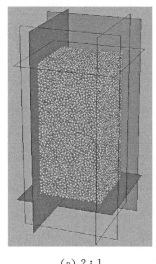 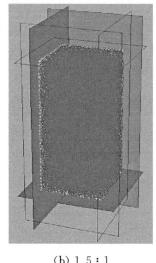 

(a) 2∶1　　　　　　　(b) 1.5∶1　　　　　　　(c) 1∶1

图 6‑9　基于细观球形颗粒的数值建模过程

注：小球是细观球颗粒；平面为材料容器的墙；框线为接触粘结模型或者平行粘结模型。

6.2.2　细观球形颗粒参数对岩石参数的影响

为研究球形颗粒的尺寸、尺寸分布、粘结模型、粘结的法向和切向强度、颗粒间摩擦系数等细观参数对岩石参数 m_i 的影响，分别选定其中一个细观参数为研究对象，设定不同的参数值，通过单轴抗压强度 104 MPa 和杨氏模量 43 GPa 对其他细观参数进行设定和校准；然后进行常规三轴压缩数值试验，围压为 2 MPa，5 MPa，10 MPa，15 MPa，20 MPa，25 MPa，30 MPa（满足小于单轴抗压强度 30％的要求），测试建立岩石的数值模型的三轴抗压强度，研究分析细观参数对修正广义三维非线性岩体强度准则岩石参数 m_i 的影响。对于每组数值试验，通过调整建立数值模型过程中的初始组装，分别进行 5 次数值试验，最终结果为 5 次试验结果平均值。

1）细观球形颗粒尺寸的影响

细观球颗粒尺寸是最基本的细观参数之一。通过 PFC3D 中"mg_Rrat"命令，可以设定满足均匀尺寸分布的细观颗粒的尺寸，直径范围分别为：最小直径 D_{min} 为 1.7 mm，1.9 mm，2.1 mm，2.3 mm 和对应的最大直径 D_{max} 为 2.8 mm，3.2 mm，3.5 mm，3.8 mm。球颗粒的模量设定为 64 MPa；球颗粒间的摩擦系数为 0.5；球颗粒间设为接触粘结模型；法向和剪切强度相等，为 70 MPa。

通过数值试验获得的修正广义三维非线性岩体强度准则岩石参数 m_i 为 2.442～2.466。结果表明，细观球形颗粒尺寸对岩石参数 m_i 的影响很小，但随着球形颗粒尺寸的减小，不同的初始球形颗粒的组装的数值模型获得的强度趋于稳定。比如：当最小直径 D_{min} 为 2.3 mm 和对应的最大直径 D_{max} 为 3.8 mm 时，5 次不同初始组装的数值岩石试样的单轴抗压强度的标准差率为 7.5%；当最小直径 D_{min} 为 1.7 mm 和对应的最大直径 D_{max} 为 2.8 mm 时，5 次不同组装的数值岩石试样的单轴抗压强度的标准差率仅为 2.4%。所以在下面的研究中，为尽量避免由于数值建模引起的误差，选用较小的细观球形颗粒尺寸：最小直径 D_{min} 为 1.7 mm，最大直径 D_{max} 为 2.8 mm。

2）细观球形颗粒尺寸分布的影响

在颗粒流模型中，颗粒尺寸通常满足平均分布，即在一定的颗粒尺寸范围内不同尺寸的颗粒的数量相等，但是在真实岩石中，其细观颗粒尺寸分布满足分形理论（谢和平等，1991；Xie et al.，1994，2000），比较接近于负指数分布，即在一定的颗粒尺寸范围内，较大尺寸的颗粒的数量较少，而较小尺寸的颗粒的数量较多。为了尽可能地模拟真实的岩石，按照分形理论的思想，在细观球颗粒建立的岩石数值模型中设定一定数量的较大尺寸的球形颗粒块体，来反映细观颗粒尺寸的负指数分布。通过调整较大尺寸的球形颗粒块体的数量来实现不同程度的负指数分布，在此基础上进行数值试验，研究细观球形颗粒尺寸的不同程度的负指数分布和平均分布对的修正广义三维非线性岩体强度准则岩石参数 m_i 的影响。

6.1.5 节已经详细介绍较大尺寸的球形颗粒块体的生成过程，选用 3 种不同尺寸的球形颗粒块体：颗粒块体 1、颗粒块体 2 和颗粒块体 3，3 种尺寸的球形颗粒块体的半径分别为 9 mm，4.5 mm 和 2.25 mm，细观球形颗粒块体的数值建模实体见图 6-10。通过分别设定不同的数量来实现不同程度的负指数分布的效果，具体数量的设定见表 6-2。例 ♯1、例 ♯2、例 ♯3 为满足 3 种不同程度的负指数尺寸分布的数值模型，例 ♯4 为满足平均尺寸分布的岩石数值模型。为尽量消除细观参数的选定对结果的影响，细观球形颗粒之间及与颗粒块体之间全部设定为细观参数较少的接触粘结模型。通过校准岩石数值模型的单轴抗压强度和杨氏模量，设定数值模型的细观参数，详值见表 6-2。

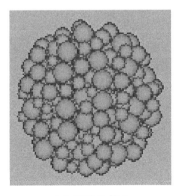 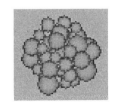

（a）颗粒块体 1　　　　　　　（b）颗粒块体 2　　　　　（c）颗粒块体 3

图 6-10　细观球形颗粒块体的数值建模实体

注：颗粒块体 1 内含 325～338 个颗粒，颗粒块体 2 内含 44～48 个颗粒，颗粒块体 3 内含 5～7 个颗粒。

表 6 - 2　例♯1—例♯4 中细观参数

例	球形颗粒块体数量			颗粒模量/GPa	接触粘结法向强度/MPa	接触粘结切向强度/MPa	颗粒摩擦系数	拟合结果 m_i	相关系数 (R^2)
	颗粒块体 1	颗粒块体 2	颗粒块体 3						
♯1	2	8	32	65	70	70	0.5	2.511	0.992 7
♯2	4	16	64	65	71	71	0.5	2.541	0.987 7
♯3	8	32	128	64	71	71	0.5	2.862	0.968 6
♯4	0	0	0	68	69	69	0.5	2.451	0.995 1

　　通过数值试验获得的 3 种不同程度的负指数尺寸分布和平均尺寸分布岩石细观数值模型在不同围压下的强度值,见图 6 - 11,采用式(3 - 23)对修正广义三维非线性岩体强度准则的岩石参数 m_i 分别进行拟合,拟合结果在表 6 - 2 中列出,同时也列出拟合的相关系数 R^2。通过数值试验获得的修正广义三维非线性岩体强度准则岩石参数 m_i 为 2.451~2.862。结果表明,虽然采用负指数的尺寸分布可以使得岩石参数 m_i 稍有增加,但细观球形颗粒尺寸分布对岩石参数 m_i 的影响很小,所以在后面的研究中岩石的细观数值模型中颗粒都采用平均尺寸分布。

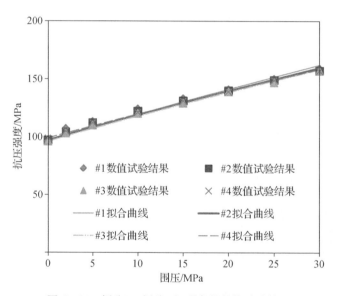

图 6 - 11　例♯1—例♯4 细观参数数值试验结果

　　3) 细观球形颗粒间粘结接触模型的影响

　　颗粒流模型提供两种标准的细观颗粒间粘结模型:平行粘结模型和接触粘结模型。6.1.2 节对这两种粘结模型进行了详细介绍。在上小节中的例♯4 采用的是接触粘结模型,但由于平行粘结模型本身也有模量值,例♯5、例♯6、例♯7 为采用 3 种不同的平行粘结模量值的建立岩石细观数值模型,平行粘结模量值分别设定为:62 GPa,45 GPa 和 29 GPa。通过校准岩石细观数值模型的单轴抗压强度和杨氏模量,设定数值模型的细观参数,详值见表 6-3。

表 6-3　例♯4—例♯7中细观参数

例	颗粒模量/GPa	平行粘结模量/GPa	接触/平行粘结法向强度/MPa	接触/平行粘结剪切强度/MPa	颗粒摩擦系数	拟合结果 m_i	相关系数 (R^2)
♯4	68		69(C)	69(C)	0.5	2.451	0.995 1
♯5	25	62	101(P)	101(P)	0.5	3.162	0.922 7
♯6	45	45	87(P)	87(P)	0.5	4.308	0.962 4
♯7	66	29	79(P)	79(P)	0.5	5.388	0.987 1

注:(C)为接触粘结模型;(P)为平行粘结模型。

通过数值试验获得的 3 组采用 3 种不同的平行粘结模量值的平行粘结模型和 1 组采用接触粘结模型建立的岩石数值模型在不同围压下的强度值,见图 6-12。采用式(3-23)对修正广义三维非线性岩体强度准则的岩石参数 m_i 分别进行拟合,拟合结果在表 6-3 中列出,同时也列出拟合的相关系数 R^2。从拟合的结果可以非常明显得看到,采用接触粘结模型的细观数值模型(例♯4)的岩石参数 m_i 为 2.451,而采用平行粘结模型的数值模型(例♯5、例♯6、例♯7)的岩石参数 m_i 分别为 3.162,4.308 和 5.388。采用平行粘结模型的数值模型获得的岩石参数 m_i 明显比采用接触粘结模型的数值模型获得的值大,这因为与接触粘结模型相比,平行粘结模型不但能够传递颗粒间的力,而且能够传递颗粒间的力矩。对于平行粘结模型的数值模型,较小的平行粘结模量值反而能够获得较大的岩石参数 m_i,这是因为随着平行粘结模型的模量值减小时,平行粘结模型在假定的颗粒间接触面的弹性弹簧将会得到较大的变形,颗粒间更大的力矩将被传递。Potyondy 等(2004)认为平行粘结模型可以产生一定程度的互锁的晶体结构,紧密的互锁晶体结构可以使得岩石参数 m_i 增加,因此细观球形颗粒间粘结接触模型对修正广义三维非线性岩体强度准则岩石参数 m_i 的影响较大。

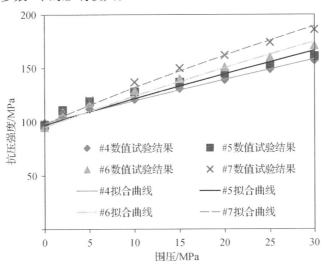

图 6-12　例♯4—例♯7细观参数数值试验结果

4）细观球形颗粒间粘结模型的法向和剪切强度的影响

细观球形颗粒间粘结模型的强度由法向强度和剪切强度控制，但由于需要进行岩石细观数值模型的单轴抗压强度校准，粘结模型的法向强度和剪切强度不能任意设定，仅可以调整的是粘结模型的法向强度与剪切强度的比率，所以将研究细观球形颗粒间粘结模型的法向和剪切强度对岩石参数 m_i 的影响，转化为对粘结模型的法向强度与剪切强度比率的研究。本节选用接触粘结模型，首先设定不同的接触粘结模型法向强度与剪切强度比率，分别为：1（例♯4）；0.5，0.33，0.25（例♯8、例♯9、例♯10）；2，3，4（例♯11、例♯12、例♯13）。通过校准岩石数值模型的单轴抗压强度和杨氏模量，设定数值模型的细观参数，详值见表6-4。

表6-4　例♯4和例♯8—例♯13中细观参数

例	颗粒模量/GPa	接触粘结法向强度/MPa	接触粘结剪切强度/MPa	颗粒摩擦系数	拟合结果 m_i	相关系数（R^2）
♯4	68	69	69	0.5	2.451	0.995 1
♯8	68	51	102	0.5	5.267	0.977 3
♯9	68	50	150	0.5	7.726	0.998 6
♯10	68	50	200	0.5	9.642	0.997 9
♯11	68	114	57	0.5	2.183	0.987 7
♯12	68	171	57	0.5	2.216	0.995 9
♯13	68	228	57	0.5	2.344	0.996 7

通过数值试验获得的7组采用不同粘结模型的法向强度与剪切强度比率建立的岩石数值模型在不同围压下的强度值，见图6-13和图6-14（将比率小于等于1时和大于等于1时分开展示和研究），采用式(3-23)对修正广义三维非线性岩体强度准则的岩石参数 m_i 分别进行拟合，拟合结果在表6-4中列出，同时也列出拟合的相关系数 R^2。从拟合的结果可以非常明显得看到：当粘结模型的剪切强度大于法向强度时（例♯8、例♯9、例♯10），粘结模型的法向强度与剪切强度比率对修正广义三维非线性岩体强度准则岩石参数 m_i 有非常明显的影响；当粘结模型的法向强度和剪切强度相等时，岩石参数 m_i 为2.451，增加到9.642（当法向强度与剪切强度比率为0.25时）。这是因为对于接触粘结模型来说，当法向强度相对于剪切强度较小时，岩石数值模型承受的围压较小时，随着主应力进一步的加载，粘结模型的法向强度将首先达到而导致粘结的断开破坏。但当岩石数值模型承受的围压增大时，粘结模型发生法向破坏的可能性将被抑制，而发生剪切破坏的可能性增加，粘结模型的剪切强度对岩石强度起到越来越重要的作用。例如，在例♯8和例♯10中，颗粒间粘结模型的剪切破坏占总破坏的比率总1.3%增加到43.4%。但当粘结模型的法向强度大于剪切强度时（例♯11、例♯12、例♯13），粘结模型的法向强度与剪切强度比率对修正广义三维非线性岩体强度准则岩石参数 m_i 没有明显的影响。

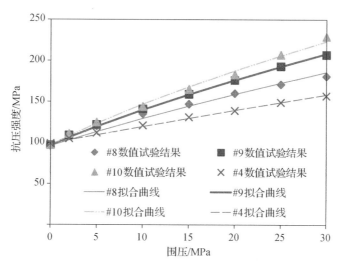

图 6-13 例♯4 和例♯8—例♯10 细观参数数值试验结果

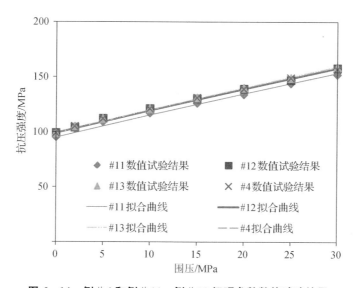

图 6-14 例♯4 和例♯11—例♯13 细观参数数值试验结果

5）细观球形颗粒间摩擦系数影响

当接触粘结模型或平行粘结模型破坏后，球形颗粒间摩擦系数将会起到很关键的作用，因在颗粒流模型中设定，当接触或平行粘结模型破坏后：如果颗粒间法向的接触力仍为压应力，且颗粒间的摩擦力未超过其极限摩擦力，颗粒间接触不会被分开；如果颗粒间的摩擦力超过其极限摩擦力，颗粒间接触分开、接触力转化为0。颗粒间的极限摩擦力与颗粒间摩擦系数和接触力相关联。本节选用接触粘结模型，设定不同颗粒间的摩擦系数，分别为：0.7,0.6（例♯14、例♯15）；0.5（例♯4）；0.4（例♯16）。通过校准岩石数值模型的单轴抗压强度和杨氏模量，设定数值模型的细观参数，详值见表 6-5。

表 6 - 5 例♯4 和例♯14—例♯16 中细观参数

例	颗粒模量/GPa	接触粘结法向强度/MPa	接触粘结剪切强度/MPa	颗粒摩擦系数	拟合结果 m_i	相关系数（R^2）
♯14	68	65	65	0.7	3.526	0.968 4
♯15	68	68	68	0.6	2.963	0.981 4
♯4	68	69	69	0.5	2.451	0.995 1
♯16	68	72	72	0.4	2.101	0.992 3

通过数值试验获得的 4 组采用不同颗粒间的摩擦系数建立的岩石数值模型在不同围压下的强度值,见图 6 - 15,采用式(3 - 23)对修正广义三维非线性岩体强度准则的岩石参数 m_i 分别进行拟合,拟合结果在表 6 - 5 中列出,同时也列出拟合的相关系数 R^2。从拟合的结果可以得到,随着颗粒间的摩擦系数的增加(从 0.4 到 0.7),岩石参数 m_i 从 2.101 增加到 3.526,颗粒间的摩擦系数对岩石参数 m_i 有着不能被忽略的影响。

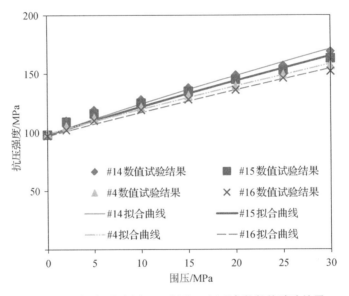

图 6 - 15 例♯4 和例♯14—例♯16 细观参数数值试验结果

6.2.3 细观球形颗粒的细观参数的影响总结

通过上节的数值建模和试验结果分析可得:球形颗粒的颗粒尺寸、颗粒尺寸分布、接触模型、接触强度和颗粒间摩擦等细观参数对修正广义三维非线性岩体强度准则的岩石参数 m_i 的影响有些比较显著,而有些不太明显(本节将进行总结并分析)。表 6 - 6 列出了不同的球形颗粒细观参数所获得的修正广义三维非线性岩体强度准则的岩石参数 m_i,分布范围为 2.101～9.642,可以看出球形颗粒细观参数和宏观的岩石强度参数 m_i 有着非常密切的关联。

表6-6 不同球形颗粒细观参数获得的修正广义三维非线性岩体强度准则的岩石参数 m_i

因素	细观参数				拟合结果 m_i			
	例A	例B	例C	例D	例A	例B	例C	例D
颗粒尺寸	颗粒直径范围($D_{min} \sim D_{max}$,单位:mm)				2.451	2.465	2.466	2.442
	1.7~2.8	1.9~3.2	2.1~3.5	2.3~3.8				
颗粒尺寸分布	不同的尺寸的颗粒数量(半径＝9 mm/4.5 mm/2.25 mm)				2.451	2.511	2.541	2.862
	0/0/0	2/8/32	4/16/64	8/32/128				
接触模型	接触粘结	平行粘结			2.451	3.162	4.308	5.388
	颗粒模量	颗粒模量/平行粘结模量(单位:GPa)						
	72	28/64	48/48	69/35				
接触法向和剪切强度	接触法向和剪切强度的比率(单位:MPa)				2.451	5.267	7.726	9.642
	74/74	56/112	56/168	56/224				
		122/61	183/61	244/61		2.183	2.216	2.344
颗粒间摩擦	颗粒摩擦系数				2.101	2.451	2.963	3.526
	0.4	0.5	0.6	0.7				

将各个球形颗粒细观参数对修正广义三维非线性岩体强度准则的岩石参数 m_i 的影响程度进行分级,并对产生影响的原因分析,分析结果在表6-7中。平行粘结接触可以近似为互锁结构(Potyondy et al.,2004),可以产生一定程度的互锁效应,引起岩石强度参数 m_i 的增加;调整接触法向强度和剪切强度也能对岩石强度参数 m_i 产生较大的影响,随着围压的增加而减小法向破坏的可能性,引起更多的剪切破坏,增加互锁效应也会引起这样情况出现,可以认为调整接触法向强度和剪切强度是一种间接的实现互锁效应的方法。通过分析可以得出,细观颗粒产生互锁结构的紧密程度是产生较大岩石参数的关键因素的结论。Hoek 等(1980)、Marinos 等(2001)也提出过类似的观点。

表6-7 细观球形颗粒参数对修正广义三维非线性岩体岩石强度参数 m_i 的影响分析总结

因素	影响程度	影响原因
颗粒尺寸	较小	—
颗粒尺寸分布	较小	—
接触模型	较大	平行粘结接触近似为互锁结构,可以产生一定程度的互锁效应(Potyondy et al.,2004)
接触强度	较大	围压的增加引起更多的剪切破坏,效果等同互锁效应
颗粒摩擦系数	中等	颗粒间粗糙度,增加颗粒接触破坏后的强度

从表6-6中发现通过调整球形颗粒细观参数获得岩石参数 m_i 都小于12,而岩石参

数 m_i 的范围为 $2\sim35$（表 $5-2$），采用细观球形颗粒进行研究具有非常明显的局限性。通过上面的分析可知如何使细观颗粒能够产生更加紧密的互锁结构，是解决如何能够获得较大岩石强度参数 m_i 问题的关键。通过一些尝试性的工作，研究发现采用细观非球形颗粒进行岩石数值建模，可以获得更加紧密的互锁结构和较大岩石强度参数 m_i。6.3 节将采用细观非球形颗粒进行岩石数值建模，然后展开基于非球形颗粒建模的修正广义三维非线性岩体强度准则的岩石参数 m_i 研究。

6.3 细观非球形颗粒建模

为进行基于非球形颗粒建模的修正广义三维非线性岩体强度准则的岩石参数 m_i 系统的研究，首先对采用细观非球形颗粒进行岩石数值建模的过程进行详细介绍。

6.3.1 细观非球形颗粒的建模方法

在颗粒流模型中基本的细观颗粒是球形，颗粒的尺寸可以不相同。基于非球形颗粒应用颗粒流模型进行数值建模有两种办法：一种是直接用非球形的颗粒进行建模，但由于非球形的颗粒的空间接触关系很难确定，这种方法难度非常大，特别是当非球形颗粒的长宽比较大时（超过 $2:1$）；另一种是间接的方法，先应用球形颗粒进行数值建模，然后采用一些处理方法指定预先设定的范围内的球形颗粒形成一个相对比较大的颗粒块体，这些颗粒块体内的球颗粒间不会产生相对位移和变形，内部所有球颗粒的力和力矩以颗粒块体的合力和合力矩的形式存在。后者具有可以指定任意形状、可以控制非球形颗粒的空间位置分布和占总体积的含量、操作难度相对较低等优点。通过对已有的细观测试手段如电子扫描显微镜照相、CT（电子计算机断层扫描）成像技术等，对岩石细观颗粒研究的总结（Hornby et al.，1994；Verhelst et al.，1995；Chen et al.，2001；Wang et al.，2007），本节认为岩石中基本颗粒为椭球体状或椭圆饼状，岩石的内部由部分的较大的非球形的颗粒组成并形成岩石的骨架，较小的颗粒在骨架孔隙中进行填充，这些较小的颗粒可以近似看成球形。通过间距建模的方法在细观尺度上能较好地反映岩石的细观构成，这也是间接建模方法另一优点。基于颗粒流的数值软件 PFC3D 提供的"Clump"命令，可以先给定一个范围（Range），所有隶属于这个范围的球颗粒组成一个独立的颗粒块体（Clump），这种建模的思路是基于第二种方法，即间接建模的方法。"Clump"的命令使得非球形颗粒的建模过程更加方便，可以实现较多颗粒块体的批量建模，6.1.5 节有较详细的介绍。

6.3.2 细观非球形颗粒块体生成过程

基于间接建模思路的细观非球形颗粒块体的生成过程可以分成两部分：第一步，根据研究的需要,设定非球形颗粒块体的空间位置和范围;第二步,将隶属于颗粒块体空间范围的球颗粒加入非球形颗粒块体。

对岩石的进行数值建模时,要对细观非球形颗粒的数量、空间位置和范围进行设定,对单个的细观非球形颗粒来说,要对其形状、质心位置和走向等进行设定。Wang 等(2007)采用等效椭球体的方法对真实的岩石颗粒进行描述和重现,并取得非常可靠的结果,验证了等效椭球体法对岩石颗粒描述的合理性,所以本节的研究采用椭球体作为岩石的基本颗粒。

在设定非球形颗粒块体的质心位置和走向时,为达到预先设定的效果,要求避免颗粒块体相互间的贯穿。如果较多的颗粒块体发生相互间的贯穿,会影响颗粒块体的形状效果,而且会导致整体数量上也达不到预先设定的数量和体积总量。颗粒块体 1(clump_1)为第一个设定颗粒块体的空间位置和范围。设定第二个颗粒块体 2(clump_2)的空间位置和范围时,要避免和已经存在的(第一个设定)颗粒块体发生相互空间范围的贯穿。首先给第二个颗粒块体预设一个空间位置。然后进行空间范围贯穿的判定:如果不出现贯穿,那么预设的颗粒块体空间位置通过,进行下个颗粒块体的设定;如果出现贯穿,重新设定第二个颗粒块体的空间位置,再次进行判定直至通过。设定第三个颗粒块体的空间位置时,要避免与已经存在(第一个和第二个设定)颗粒块体发生相互空间范围的贯穿。以此类推直至最后一个设定的空间位置。如图 6-16 中所示。同时为了尽可能地反映真实的岩石细观颗粒的随机性质,数值模型中的非球形颗粒的空间位置要满足随机分布。

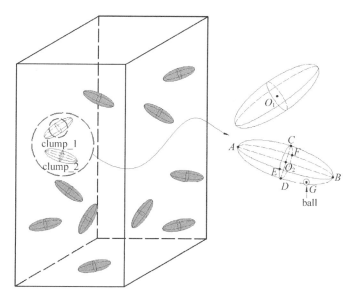

图 6-16　设定细观非球形颗粒空间位置和范围示意图

基于间接建模思路的细观非球形颗粒块体的生成过程见图 6-17。为使得生成过程简捷、标准化,将设定颗粒块体空间位置和范围的过程编译成程序,程序界面见图 6-18。

该程序适用于颗粒材料,如岩石、混凝土、沥青等,根据用户初设的细观结构数学信息(形状、尺寸、数量等)生成颗粒流软件(PFC3D)可直接读入的 txt 文档(内含空间位置和范围)。

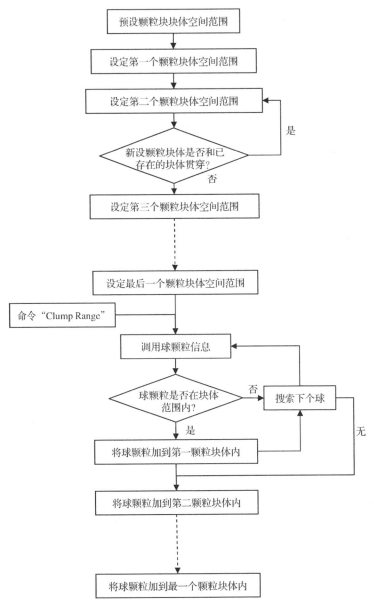

图 6-17 细观非球形颗粒的生成流程图

下面对细观非球形颗粒块体生成过程中细观颗粒块体空间位置和范围判定、细观颗粒块体空间位置和范围设定算法、在颗粒块体空间范围中设定颗粒等关键问题分别进行详细介绍。

1) 细观颗粒块体空间位置和范围判定

为了判定新设定的和已存在的颗粒块体空间位置关系,需要采用数学表达式对颗粒

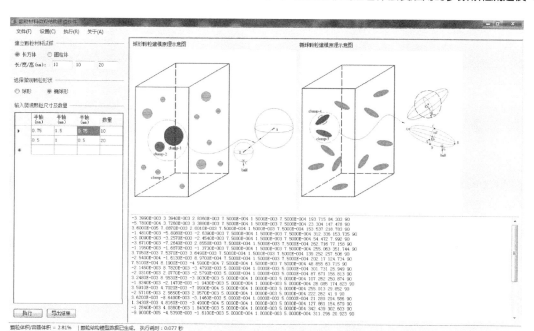

图 6-18 细观非球形颗粒的空间位置和范围设定程序

块体进行表达。例如,颗粒块体 i 的形状表达式如下:

$$\frac{[(l_1)_i \cdot (x-x_i)+(m_1)_i \cdot (y-y_i)+(n_1)_i \cdot (z-z_i)]^2}{a_i^2}+\frac{[(l_2)_i \cdot (x-x_i)+(m_2)_i \cdot (y-y_i)+(n_2)_i \cdot (z-z_i)]^2}{b_i^2}+$$

$$\frac{[(l_3)_i \cdot (x-x_i)+(m_3)_i \cdot (y-y_i)+(n_3)_i(z-z_i)]^2}{c_i^2}=1$$

$$(6-28)$$

式中:x_i,y_i,z_i——颗粒块体 $i(i=1,2,\cdots,n)$ 质心的坐标;

a_i,b_i,c_i——颗粒块体(椭球体状)的 3 个半轴长;

$(l_1)_i,(l_2)_i,(l_3)_i,(m_1)_i,(m_2)_i,(m_3)_i,(n_1)_i,(n_2)_i,(n_3)_i$ 的表达式分别如下:

$$\begin{cases} (l_1)_i = \cos\varphi_i\cos\theta_i - \sin\varphi_i\sin\theta_i\sin\omega_i, \\ (l_2)_i = -\sin\varphi_i\cos\theta_i - \cos\varphi_i\sin\theta_i\sin\omega_i, \\ (l_3)_i = \cos\omega_i\sin\theta_i, \\ (m_1)_i = \sin\theta_i\sin\omega_i + \cos\varphi_i\cos\theta_i\cos\omega_i, \\ (m_2)_i = -\sin\theta_i\cos\omega_i + \cos\varphi_i\cos\theta_i\sin\omega_i, \\ (m_3)_i = -\sin\varphi_i\cos\theta_i, \\ (n_1)_i = \sin\varphi_i\cos\omega_i, \\ (n_2)_i = \sin\varphi_i\sin\omega_i, \\ (n_3)_i = \cos\varphi_i, \end{cases} \qquad (6-29)$$

式中:$\varphi_i,\theta_i,\omega_i$——椭球体 $i(i=1,2,\cdots,n)$ 的 3 个走向角度(见图 6-19);

φ_i——主轴横截面的倾角；

θ_i——主轴横截面的倾向角；

ω_i——自旋角。

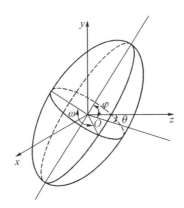

图 6-19　椭球体的 3 个走向角度 φ,θ 和 ω

为了判定新设定的颗粒块体是否与已经存在的颗粒块体相互贯穿，比较有效率的方法是采用颗粒块体 6 个轴极点代表颗粒块体来进行判定。新设定的颗粒块体的（标记为颗粒块体 2）的 3 个轴线的数学表达式如下：

$$\frac{(x-x_2)}{(l_1)_2}=\frac{(y-y_2)}{(m_1)_2}=\frac{(z-z_2)}{(n_1)_2}$$

$$\frac{(x-x_2)}{(l_2)_2}=\frac{(y-y_2)}{(m_2)_2}=\frac{(z-z_2)}{(n_2)_2}$$

$$\frac{(x-x_2)}{(l_3)_2}=\frac{(y-y_2)}{(m_3)_2}=\frac{(z-z_2)}{(n_3)_2} \qquad (6-30)$$

新设定的颗粒块体的 6 个极轴点（A,B,C,D,E 和 F）的坐标可以通过式（6-28）和式（6-30）求解得到，如下：

$$x_{A,B}=\pm a_2(l_1)_2+x_2 \quad x_{C,D}=\pm b_2(l_2)_2+x_2 \quad x_{E,F}=\pm c_2(l_3)_2+x_2$$

$$y_{A,B}=\pm a_2(m_1)_2+y_2 \quad y_{C,D}=\pm b_2(m_2)_2+y_2 \quad y_{E,F}=\pm c_2(m_3)_2+y_2$$

$$z_{A,B}=\pm a_2(n_1)_2+z_2 \quad z_{C,D}=\pm b_2(n_2)_2+z_2 \quad x_{E,F}=\pm c_2(n_3)_2+z_2 \qquad (6-31)$$

将新设定的颗粒块体的 6 个极轴点（A,B,C,D,E 和 F）的坐标代入已存在的颗粒块体 1 的数学表达式进行空间范围是否相互贯穿的判定，如下：

$$f(x_k,y_k,z_k)=\frac{[(l_1)_1 \cdot (x_k-x_1)+(m_1)_1 \cdot (y_k-y_1)+(n_1)_1 \cdot (z_k-z_1)]^2}{a_1^2}+$$

$$\frac{[(l_2)_1 \cdot (x_k-x_1)+(m_2)_1 \cdot (y_k-y_1)+(n_2)_1 \cdot (z_k-z_1)]^2}{b_1^2}+$$

$$\frac{[(l_3)_1 \cdot (x_k-x_1)+(m_3)_1 \cdot (y_k-y_1)+(n_3)_1 \cdot (z_k-z_1)]^2}{c_1^2}$$

$$(6-32)$$

式中：下标"k"分别表示为 A,B,C,D,E 和 F。

如果式(6-32)中的 $f(x_k,y_k,z_k)$ 大于1，新设定的颗粒块体不会与已存在的颗粒块体相互贯穿。

2）细观颗粒块体空间位置和范围设定算法

颗粒块体空间范围设定的过程中包括许多的随机设定和贯穿判定的子过程，可以采用循环语句来实现。在循环中，最重要的是采用合适、有效的算法。下面分别采用随机算法、分治算法和回溯算法来实现颗粒块体空间范围设定，对各个算法进行评价并为进一步的研究选定最合适的算法。

（1）随机算法

随机算法是一种使用概率方法对所有的随机点做出随机选择的算法。在颗粒块体空间位置和范围设定时，将每次的颗粒块体的质心位置和三个走向角度的预设作为一个随机点，随机输入一组质心位置和三个走向角度，然后进行颗粒块体空间范围相互贯穿的判定。随机算法的优点是可以使得岩石数值模型中细观颗粒的空间位置分布的随机性得到最大程度的反映。但是不管运行时间还是输出结果都是随机的变量，可能会导致一些问题，如出现死循环就不能得到最终的结果(Cohen,1993)。当岩石数值模型中颗粒块体的数量较多时，预设的颗粒块体的质心位置和三个走向角度的可能一直不会通过避免颗粒块体空间范围相互贯穿的判定。当颗粒块体的数量小于17%（颗粒块体的数量以颗粒块体内含的颗粒占构成岩石数值模型的颗粒数量的比率表示）时，随机算法表现得很高效，但当颗粒块体的数量大于20%时，采用随机算法的循环运行时间非常久，出现死循环而不能中止。太小的颗粒块体的数量对修正广义三维非线性岩体强度准则的岩石参数没有明显的作用，后面6.4.1节的研究也验证这一点，所以直接采用随机算法不能满足研究的需要，但可以对随机算法进行适当的改进以满足研究要求，后面的分治算法和回溯算法都是在随机算法的基础上进行改进。

（2）分治算法

分治算法将复杂的问题划分为很多子问题，直到这些子问题足够简单、可以被解决，通过解决这些子问题而达到解决最终问题的目的(Brassard et al.,1996;Levitin,2003)。采用分治算法进行颗粒块体空间位置和范围的设定过程可以分为两步：首先将岩石的数值模型划分成很多的子块；然后在每个子块内，设定颗粒块体的质心位置和三个走向角度。在每个子块中，设定三个走向角度相等，结合预设的非球形颗粒的数量（比率），通过组装颗粒块体来确定质心位置。虽然在每个子块中三个走向角度相等，但不同的子块具有随机性的、各不同的三个走向角度，在一定的程度上可以反映细观颗粒的空间位置分布的随机性。通过对子问题的解决，即在每个子块中设定颗粒块体空间位置和范围，解决在岩石模型中设定颗粒块体空间位置和范围的最终问题。在设定颗粒块体空间位置和范围的循环过程中采用分治算法，可以获得颗粒块体空间范围设定非常好的结果，非球形颗粒的数量（比率）可以达到53%，这是椭球体形状非球形颗粒所能达到的数量的最大极限。但采用分治算法进行颗粒块体空间位置和范围的设定过程中加入人为干预和设定，会导致细观颗粒的空间位置分布的随机性不能完全地反映,所以不推荐使用分治算法。

(3)回溯算法

回溯算法通过尝试所有或部分的可能的解决方案来寻找最终解决方案,如果可能的解决方案不能得到最终解决,方案将被中止,转为下一个可能的解决方案(Cormen 等,1990)。采用回溯算法设定颗粒块体空间位置和范围时,将每个颗粒块体空间位置和范围的设定作为一个可能的解决方案,同时设定可能方案不能得到最终解决方案而中止的条件。在下一个颗粒块体空间位置和范围的设定过程中,预设颗粒块体质心位置和三个走向角度,然后进行空间范围贯穿判定。如果不满足避免贯穿,需要再次预设尝试,这样的尝试可能是一次,但随着已存在的颗粒块体数量的增加,尝试次数可能会非常大甚至有可能是无穷大,需要设定中止尝试的条件,设定 500 次尝试为中止阈值。当尝试次数达到 500 次时,作为可能的解决方案的颗粒块体空间位置和范围的设定将中止,将重新设定颗粒块体空间位置和范围。回溯算法采用的是树形结构,每个可能解决方案都是树形结构的节点,逐个对所有可能的解决方案进行尝试,判断是否能得到最终解决方案,所以能避免死循环的出现。回溯算法虽然可能要牺牲一些计算效率和时间,但能得到可以接受的结果,非球形颗粒的数量(比率)可以达到 45%,更重要的是细观颗粒的空间位置分布的随机性得到最大程度的反映,因此本章采用的是基于随机算法的回溯算法。

3)在颗粒块体空间范围中设定颗粒

当颗粒块体的空间范围确定后,对岩石数值模型中所有的球颗粒进行判定。如果被判定属于颗粒块体空间范围内的球颗粒将被加入颗粒块体中,形成非球形颗粒块体,具体的流程见图 6-17。判定的过程可以采用数学表达式[式(6-33)]来实现。例如,在图 6-16 中,当判定球颗粒 G 是否属于块体颗粒 2 时,将球颗粒 G 和块体颗粒 2 的空间信息代入式(6-33)中,如果能够满足式(6-33),将球颗粒 G 是加入块体颗粒 2。

$$
\frac{[(l_1)_2 \cdot (x_G-x_2)+(m_1)_2 \cdot (y_G-y_2)+(n_1)_2 \cdot (z_G-z_2)]^2}{a_2^2}+
$$
$$
\frac{[(l_2)_2 \cdot (x_G-x_2)+(m_2)_2 \cdot (y_G-y_2)+(n_2)_2 \cdot (z_G-z_2)]^2}{b_2^2}+ \tag{6-33}
$$
$$
\frac{[(l_3)_2 \cdot (x_G-x_2)+(m_3)_2 \cdot (y_G-y_2)+(n_3)_2(z_G-z_2)]^2}{c_2^2}<1
$$

式中:a_2, b_2, c_2——颗粒块体 2 的三个半轴的轴长;

x_G, y_G, z_G——球颗粒的质心点的空间坐标;

x_2, y_2, z_2——颗粒块体的质心点(点 O_2)的空间坐标。

6.4 细观非球形颗粒对修正广义三维非线性岩体强度准则岩石参数影响

岩石的数值试样为长方体,高度为 100 mm,底面为 50 mm×50 mm。球颗粒的尺寸满足均匀分布,直径范围为:最小直径 D_{min} 为 1.7 mm,最大直径 D_{max} 为 2.8 mm。颗粒间采用接触粘结模型,接触粘结法向和剪切强度相等为 150 MPa,颗粒模量为 90 GPa,颗粒间摩擦系数为 0.5。岩石数值建模的过程按照 6.2.1 节中的建模步骤进行,见图 6-20(a)和图 6-20(b)。根据细观非球形颗粒的影响研究需要,在岩石数值模型中生成一定数量、长宽比和尺寸的非球形颗粒块体,非球形颗粒生成过程见 6.3 节,生成后的数值模型见图 6-20(c)。

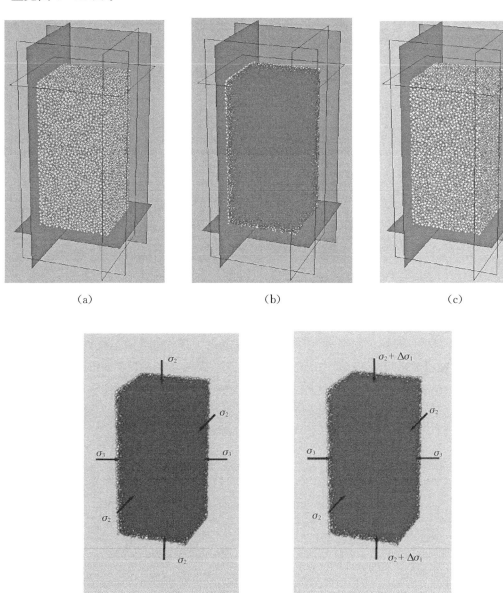

（a）　　　　　　　　　（b）　　　　　　　　　（c）

（d）　　　　　　　　　　　　（e）

图 6-20　非球形颗粒数值建模和真三轴数值试验过程

注:浅色小球是细观球颗粒;深色小球组合为细观非球形颗粒块体;平面为材料容器的墙;框线为接触粘结模型。

考虑到常规三轴试验不能考虑中主应力的影响,采用真三轴数值试验进行强度测试,数值试验的步骤见图 6-20(d)和图 6-20(e),中主应力 σ_2 为 5 MPa,10 MPa,15 MPa,20 MPa,30 MPa,40 MPa;最小主应力 σ_3 为 0,5 MPa,10 MPa,15 MPa,20 MPa,30 MPa,40 MPa。对于每组数值试验,调整建立数值模型过程中的初始组装,分别进行 5 次数值试验,最终结果为 5 次试验结果平均值。采用式(3-23)对修正广义三维非线性岩体强度准则的岩石参数 m_i 进行拟合。

下面展开对非球形颗粒的数量、长宽比、尺寸和形状(参数选择见表 6-8)等细观参数对修正广义三维非线性岩体强度准则的岩石参数 m_i 的影响系统的研究。

表 6-8 非球形颗粒对修正广义三维非线性岩体强度准则的岩石参数影响的细观参数选择

试样(例)	细观参数	值					其他三个固定的参数
		1	2	3	4	5	
A	数量	19%	24%	32%	37%	42%	B3, C3, D2
B	长宽比	1:2:1	1:2.5:1	1:3:1	1:3.5:1	1:4:1	A3, C3, D2
C	尺寸	0.75:2.25:0.75	0.9:2.7:0.9	1:3:1	1.1:3.3:1.1	1.25:3.75:1.25	A3, B3, D2
D	形状	1:3:0.75	1:3:1	1:3:1.5	1:3:2	1:3:2.5	A3, B3, C3

注:百分比(%)为非球形颗粒块体内含的颗粒占构成岩石数值模型的颗粒数量(26 850)的比率。1 等于 3.4 mm。

6.4.1 细观非球形颗粒的数量影响

选择 5 组内含不同数量的细观非球形颗粒的岩石数值模型,非球形颗粒的数量分别为 19%,24%,32%,37% 和 42%,同时加入 1 组完全由细观球形颗粒建模的岩石数值模型(非球形颗粒的数量为 0%),非球形颗粒颗粒的尺寸为 3.4 mm×10.2 mm×3.4 mm。通过真三轴数值试验测试 6 组不同的细观非球形颗粒数量的岩石数值模型的强度值,获得的修正广义三维非线性岩体强度准则岩石参数 m_i 在图 6-21 中列出。当细观非球形

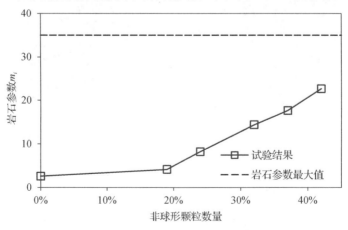

图 6-21 内含不同数量的细观非球形颗粒数值模型试验结果

颗粒数量小于 19％时，非球形颗粒数量对岩石参数 m_i 的影响不明显；当细观非球形颗粒数量大于 19％时，岩石参数 m_i 随着非球形颗粒数量的增加而线性增加。在岩石内部含有足够的非球形颗粒，才能对修正广义三维非线性岩体强度准则的岩石参数 m_i 起作用，通过增加细观非球形颗粒数量来增加非球形颗粒相互接触形成互锁结构的可能性，形成更加紧密的互锁效应从而能获得较大的岩石参数 m_i。6.4.2 节到 6.4.4 节的研究将细观非球形颗粒数量设为 32％。

6.4.2　细观非球形颗粒的长宽比影响

Wang 等（2007）对岩石的基本颗粒进行细观测试，统计了 127 组岩石的细观真实颗粒的长宽比，发现绝大部分的细观颗粒的长宽比在 $1:1:1 \sim 1:4:1$ 的范围内。选择 5 组内含不同长宽比的细观非球形颗粒的岩石数值模型，非球形颗粒的长宽比分别为 $1:1:1,1:2:1,1:2.5:1,1:3:1,1:3.5:1$ 和 $1:4:1$，其中 1 等于 3.4 mm。图 6‑22 是不同长宽比的非球形颗粒空间范围和对应的由颗粒流建立的非球形颗粒块体数值模型。通过真三轴数值试验测试 5 组内含不同长宽比的细观非球形颗粒的岩石数值模型的强度值，获得的修正广义三维非线性岩体强度准则的岩石参数 m_i 在图 6‑23 中列出，图 6‑23 显示岩石参数 m_i 随着非球形颗粒长宽比增大而增加，越大的非球形颗粒长宽比可以获得越紧密的互锁结构。

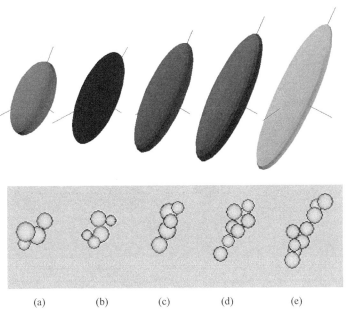

| (a) | (b) | (c) | (d) | (e) |

图 6‑22　不同长宽比的细观非球形颗粒空间范围和颗粒流数值模型

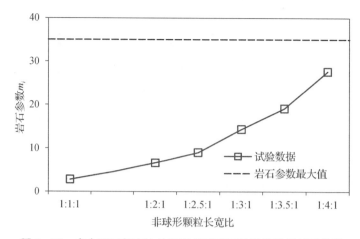

图 6 - 23　内含不同长宽比的细观非球形颗粒数值模型试验结果

6.4.3　细观非球形颗粒的尺寸影响

选择 5 组内含不同尺寸的细观非球形颗粒的岩石数值模型,非球形颗粒的尺寸分别为 $0.75 : 2.25 : 0.75, 0.9 : 2.7 : 0.9, 1 : 3 : 1, 1.1 : 3.3 : 1.1$ 和 $1.25 : 3.75 : 1.25$,其中 1 等于 3.4 mm。图 6 - 24 是不同尺寸的非球形颗粒空间范围和对应的由颗粒流建立的非球形颗粒块体数值模型。通过真三轴数值试验测试 5 组内含不同尺寸的细观非球形颗粒的岩石数值模型的强度值,获得的修正广义三维非线性岩体强度准则的岩石参数 m_i 在图 6 - 25 中列出,图 6 - 25 显示岩石参数 m_i 随着非球形颗粒尺寸增大而快速增加,获得的岩石参数 m_i 达到 60,远远超过岩石参数的最大值(35),可以应用于全部的岩

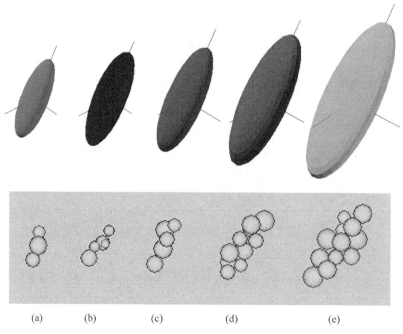

图 6 - 24　不同尺寸的细观非球形颗粒空间范围和颗粒流数值模型

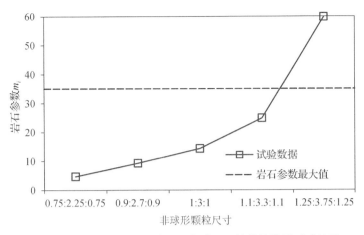

图 6‑25 内含不同尺寸的细观非球形颗粒数值模型试验结果

石。越大的非球形颗粒尺寸可以增加岩石数值模型中非球形颗粒发生接触的可能,可以获得非常紧密的互锁结构。

6.4.4 细观非球形颗粒的形状影响

前述 6.4.1 节到 6.4.3 节中的研究将细观非球形颗粒的形状设定为其中两个半轴相等的椭球体,但是部分岩石的细观颗粒更近似于扁平状,即三个半轴都不相等的椭球体。选择 5 组内含不同形状的细观非球形颗粒的岩石数值模型,非球形颗粒的尺寸分别为 $1:3:0.75$,$1:3:1$,$1:3:1.5$,$1:3:2$ 和 $1:3:2.5$,其中 1 等于 3.4 mm。图 6‑26 是不同形状的非球形颗粒空间范围和对应的由颗粒流建立的非球形颗粒块体数值模型。随着侧向半轴的增加,非球形颗粒块体更加呈现扁平状。通过真三轴数值试验测试 5 组内含不同形状的细观非球形颗粒的岩石数值模型的强度值,获得的修正广义三维非线性岩

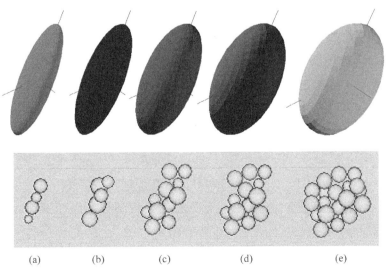

(a)　　　　(b)　　　　(c)　　　　(d)　　　　(e)

图 6‑26 不同形状的细观非球形颗粒空间范围和颗粒流数值模型

体强度准则的岩石参数 m_i 在图 6-27 中列出,图 6-27 显示岩石参数 m_i 随着非球形颗粒越呈现扁平状而增加,扁平状的非球形颗粒同样可以获得越紧密的互锁结构。

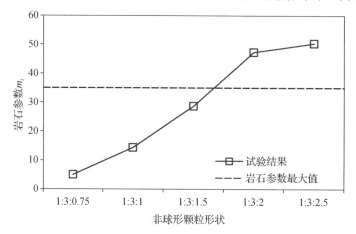

图 6-27 内含不同形状的细观非球形颗粒数值模型试验结果

6.5 两种真实的岩石数值建模参数建模验证

本节基于颗粒流模型对两种典型的真实岩石:LDB 花岗岩和 Carrara 大理岩,采用合适的细观颗粒进行数值建模,然后进行真三轴数值试验,对前面研究颗粒细观参数对修正广义三维非线性岩体强度准则的岩石参数 m_i 影响的研究进行验证。

6.5.1 数值模拟 LDB 花岗岩

进行数值建模的真实岩石 LDB 花岗岩的密度为 2 630 kg/m³,单轴抗压强度为 200 MPa,杨氏模量为 69 GPa(Potyondy et al.,2004)。很多研究者对 LDB 花岗岩的细观颗粒开展过研究。Martin(1993)通过数值试验测试和统计给出 LDB 花岗岩的细观颗粒尺寸分布范围为 3~7 mm,平均值大概为 5 mm。Martin 等(1997)给出 LDB 花岗岩的细观颗粒尺寸的另一个分布范围为 1~3.5 mm。Walker(2003)认为花岗岩细观颗粒为晶体结构,尺寸分布范围为 1~5 mm。Schulmann 等(1996)认为占花岗岩总含量 35% 的石英颗粒的长宽比为 2:1。Grégoire 等(1998)认为花岗岩的基本颗粒的平均长宽为 2:1,最大的长宽比为 4:1。Nishiyama 等(2002)在三轴压缩条件下研究细观颗粒长宽比为 2:1~5:1 的花岗岩细观行为。综上所述,在数值模拟 LDB 花岗岩中选择长宽比为 3:1 的细观非球形的颗粒,细观非球形颗粒为 3.8 mm×11.4 mm×3.8 mm,平均尺寸为 6.3 mm。

岩石数值试样形状为长方体,高度为 100 mm,底面为 50 mm×50 mm,颗粒的尺寸满足均匀分布,直径范围为:最小直径 D_{min} 为 1.7 mm,最大直径 D_{max} 为 2.8 mm。按照节 6.3 详细介绍的步骤在岩石数值模型中生成一定数量(表 6-9)的细观非球形颗粒。从表 2-5 可以得到花岗岩的岩石参数 m_i,为一个范围值 32±3,所以选择 3 组岩石数值模型 (例 A、B 和 C)分别模拟花岗岩的岩石参数 m_i 的下限值(29)、平均值(32)和上限值(35)。 通过校准 LDB 花岗岩数值模型的单轴抗压强度和杨氏模量,设定数值模型的细观参数, 详值见表 6-9。图 6-28 给出通过真三轴数值试验获得 3 组岩石数值模型的强度结果, 同时也给出修正广义三维非线性岩体强度准则的预测强度。为了更加清晰地比较数值 试验和准则预测结果,在图 6-30(a)中采用 $\sigma_{m,2}$-τ_{oct} 坐标系将 3 组真三轴强度数值试验 和准则预测结果同时列出,通过拟合真三轴数值试验结果获得 3 组岩石数值模型参数 m_i,在表 6-9 中列出。可以看出采用细观非球形颗粒进行岩石的数值建模,可以非常好 的反映岩石的强度和修正广义三维非线性岩体强度准则岩石参数 m_i,采用细观非球形颗 粒对岩石进行数值建模并开展岩石参数的研究是非常可靠的。

表 6-9　LDB 花岗岩和 Carrara 大理岩数值模型的细观参数

试样 (例)	细观非球形 颗粒数量/%	颗粒模量/ GPa	C_B法向/ 强度 MPa	C_B剪切/ 强度 MPa	颗粒 摩擦	拟合 m_i	相关系数 (R^2)
A	30.6	105	155	155	0.5	29.1	0.930 2
B	32.3	107	157	157	0.5	31.8	0.929 7
C	33.8	110	161	161	0.5	34.8	0.932 8
D	—	68	52	135	0.4	5.97	0.985 3
E	—	68	50	179	0.5	8.83	0.995 3
F	—	68	49	285	0.7	11.8	0.990 1

注:C_B 为接触粘结模型。

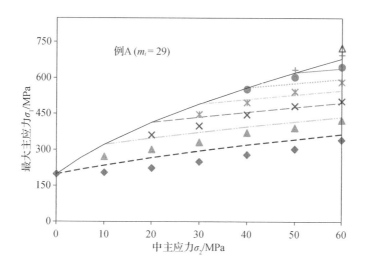

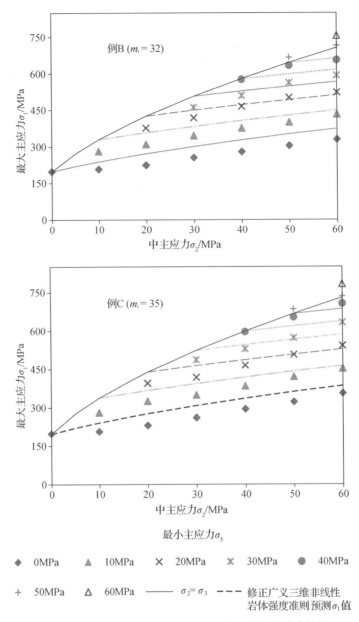

图 6‑28 LDB 花岗岩(例 A,B 和 C)真三轴数值试验结果

6.5.2 数值模拟 Carrara 大理岩

进行数值建模的真实岩石 Carrara 大理岩的密度为 2 580 kg/m³,单轴抗压强度为 97.3 MPa,杨氏模量为 39.5 GPa(Zhang et al.,2012)。很多研究者对 Carrara 大理岩的细观颗粒开展过研究。Molli 等(1999)通过调查统计位于意大利两处的 Carrara 大理岩细观颗粒的长宽比,给出长宽比的平均值约为 1.5∶1。de Bresser 等(2005)采用扫描电子显微镜(SEM)研究大理岩的细观结构,获得了不同温度和湿度下大理岩的细观颗粒的长宽比,其范围为 1.04：1～1.57：1。从 6.4.2 节对细观颗粒长宽比的研究可以看出,当细观颗粒的长宽比小于 2.0 时,细观颗粒的长宽比对修正广义三维非线性岩体强度准则岩石参数 m_i 没有明显影响,所以对 Carrara 大理岩进行数值建模时采用细观球形颗粒。大量对大理岩细观颗粒尺寸的研究表明：Mito 大理岩颗粒的平均直径为 1.25 mm (Mogi,1965)；Yamaguchi 大理岩颗粒的平均直径为 3.5 mm(Mogi,1964)；Georgia 大理岩颗粒的平均直径为 1.9 mm(Olsson,1974)。因此在数值模拟 Carrara 大理岩时,采用尺寸满足均匀分布的球形颗粒,直径范围为：最小直径 $D_{\min}$ 为 1.3 mm,最大直径 $D_{\max}$ 为 2.2 mm,Carrara 大理岩数值试样形状采用长方体,高度为 100 mm,底面为 50 mm×50 mm。

从表 2-5 可以得到大理岩的岩石参数 m_i 为一个范围值 9±3,所以选择 3 组岩石数值模型(例 D、E 和 F)分别模拟花岗岩的岩石参数 m_i 的下限值(6)、平均值(9)和上限值(12)。通过校准 Carrara 大理岩数值模型的单轴抗压强度和杨氏模量,设定数值模型的细观参数,详值见表 6-9。图 6-29 给出通过真三轴数值试验获得 3 组岩石数值模型的

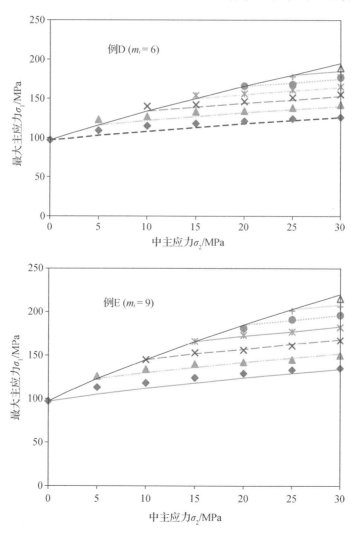

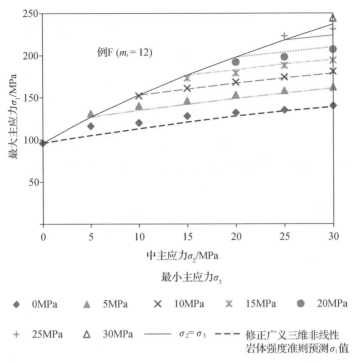

图 6‐29 Carrara 大理岩(例 D,E 和 F)真三轴数值试验结果

强度结果,同时也给出修正广义三维非线性岩体强度准则的预测强度。为了更加清晰地比较数值试验和准则预测结果,在图 6‐30(b)中采用 $\sigma_{m,2}$-τ_{oct} 坐标系将 3 组真三轴强度数值试验和准则预测结果同时列出,通过拟合真三轴数值试验结果获得 3 组岩石数值模型参数 m_i,在表 6‐9 中列出。可以看出,对于部分具有较低的岩石参数($m_i<12$),采用细观球形颗粒进行岩石的数值建模,也可以非常好地反映岩石的强度和广义三维非线性岩体强度准则岩石参数 m_i,采用细观球形颗粒对部分岩石进行数值建模并开展岩石参数的研究也是非常可靠的。

6.6 块状/扰动(B/D)和破碎(DI)岩体参数分析

在块状/扰动(B/D)和破碎(DI)岩体中节理面对岩体的强度影响不是很明显,在数值建模时不需要再对节理面进行建模,对修正广义三维非线性岩体强度准则的块状/扰动(B/D)和破碎(DI)岩体参数的研究可以采用基于细观颗粒的建模的方法进行研究。

6.6.1 块状/扰动(B/D)岩体参数的建模

从表 6‐8 中可以得到块状/扰动(B/D)岩体参数 m_b 的范围为 $0.97\sim8.80$。Sonmez 等(1999)给出块状/扰动(B/D)岩体的定义:包含由许多不连续面束形成的角状块体褶

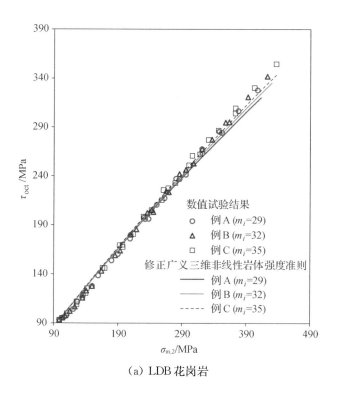

（a）LDB 花岗岩

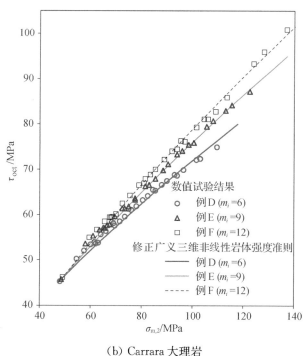

（b）Carrara 大理岩

图 6－30 数值真三轴试验结果和修正广义三维非线性岩体强度准则预测值比较

层、（或）断层的岩体。块状/扰动（B/D）岩体虽然内含褶层或断层，但是由很多的不连续

133

面束而形成的,与褶层或断层相比这些不连续面的尺寸较小,可以通过一定长宽比非球形颗粒的边界来模拟这些尺寸较小的不连续面。采用6.4.2节中的细观参数,研究细观非球形颗粒的长宽比对修正广义三维非线性岩体强度准则岩体参数的影响。图6-31中给出了通过由不同长宽比的细观非球形颗粒的数值建模和试验得到的块状/扰动(B/D)岩体参数m_b。可以看出通过调整细观非球形颗粒的长宽比可以很好地反映宏观的块状/扰动(B/D)岩体参数m_b。细观非球形颗粒可以模拟一些尺寸较小地节理面,但对于较大尺寸的节理面不适用,这将是后面几章中研究内容。

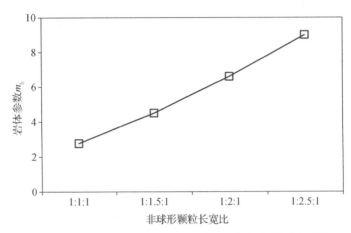

图6-31　内含不同长宽比的细观非球形颗粒数值模型试验结果

6.6.2　破碎(DI)岩体参数的分析

从表6-8中可以得到破碎(DI)岩体参数m_b的范围为0～6.38,而基于细观球形颗粒的数值建模可以获得岩石或岩体参数的最大值接近12。从数值建模的角度来看,采用细观球形颗粒进行破碎(DI)岩体参数m_b的研究是可行的。更重要的从破碎(DI)岩体的定义:为较弱互锁,包含由角状岩块和周围岩石碎片的严重破碎岩体,可以看出破碎(DI)岩体没有明显的节理面,在宏观尺寸上可以看成是各向同性的。破碎(DI)岩体是由细观非球形颗粒的风化分解成为一些更加细小的颗粒而形成的,所以可以认为破碎(DI)岩体的基本细观颗粒为各向同性的球形颗粒,因此采用细观球形颗粒进行破碎(DI)岩体参数m_b的研究在理论上也是合理的。基于细观球形颗粒的数值建模进行修正广义三维非线性岩体破碎(DI)岩体参数的多参数研究和6.2节中对岩石参数的研究类似,在这里不再重复展开。

6.7　本章小结

本章主要有以下内容:

① 采用细观球形颗粒流对岩石进行了数值建模和数值试验,系统地进行了颗粒的尺寸、尺寸分布、粘结模型、粘结的法向和切向强度、颗粒间摩擦系数等细观参数对修正广义三维非线性岩体强度准则岩石参数 $m_i(m_i<12)$ 影响研究。最后对这 5 种颗粒细观参数对岩石参数 m_i 的影响进行总结和机理分析,得出了细观颗粒产生互锁结构的紧密程度是控制岩石参数 m_i 关键因素的结论。

② 提出了采用细观非球形颗粒进行数值模拟岩石的方法,解决了细观球形颗粒模拟岩石参数 m_i 的局限性,给出了基于颗粒流细观非球形颗粒间接建模的方法,以及间接建模的完整过程和循环逻辑算法。

③ 系统地进行了非球形颗粒的数量、长宽比、尺寸和形状等细观参数对修正广义三维非线性岩体强度准则的岩石参数 m_i 的影响研究。岩石参数 m_i 会随着细观非球形颗粒数量、长宽比和尺寸的增加而增大,越不规则的形状可以获得越大的岩石参数 m_i。

④ 对两种真实的岩石 LDB 花岗岩和 Carrara 大理岩进行了数值建模和真三轴数值试验。试验结果与修正广义三维非线性岩体强度准则的预测值非常接近,表明了细观颗粒的参数对岩石性质起到关键控制作用,对所开展的基于颗粒流的研究进行了验证。

⑤ 采用基于不同形状的细观颗粒建模方法对修正广义三维非线性岩体强度准则的块状/扰动(B/D)和破碎(DI)岩体参数分别进行了研究,发现非球形颗粒的数值建模适用于块状/扰动(B/D)岩体参数,而球形颗粒的数值建模适用于破碎(DI)岩体参数。

7 广义三维非线性岩体强度准则的参数尺寸效应

在岩石力学与工程中岩石强度的尺寸效应是一个重要的因素,本章对岩石单轴抗压强度(UCS)的尺寸效应进行系统的研究。首先对不同尺寸岩样的岩石单轴抗压强度数据和各类考虑不同尺寸的岩石单轴抗压强度经验公式的总结,提出一个可以描述岩石单轴抗压强度与岩样体积关系的新表达式。运用颗粒流对岩石强度的尺寸效应开展进一步的研究,采用光滑节理接触模型模拟初始微裂纹。由于微裂纹空间位置和走向服从随机分布,基于分形理论和统计方法,推导微裂纹的尺寸和数量的指数分布关系式。使用试验的应力-应变曲线对建立的 Yamaguchi 大理岩长方体(80 mm×40 mm×40 mm)数值模型进行数值试验校正,调整并确定细观参数,使用校正后的模型进行不同尺寸的 Yamaguchi 大理岩单轴抗压强度预测,研究岩石的尺寸效应。在对岩石尺寸效应的研究基础上,对完整(I)、块状(B)和非常块状(VB)岩体进行细观数值建模,展开广义三维非线性岩体强度准则完整(I)、块状(B)和非常块状(VB)岩体参数 m_b, s, a 的尺寸效应的研究。

7.1 岩石尺寸效应分析

在岩石力学和工程中,岩石的单轴抗压强度是一个非常重要的、最广泛采用的一个参数。为了获得单轴抗压强度,研究者采用实验室和现场试验等手段。岩石的单轴抗压强度对试样所采用的试样的尺寸有非常密切的依赖性。在岩石力学上,研究者将这种现象称为尺寸效应。岩石的尺寸效应已经被多种岩石的单轴抗压强度试验所证实(Mogi,1962;Johns,1966;Bieniawski,1968;Koifman,1969;Pratt et al.,1972;刘宝琛,1982;Natau et al.,1983;Jackson et al.,1990)。Mogi(1962)测试一组长宽比为2∶1的长方体 Yamaguchi 大理岩试样,发现随着试样的高度从 0.04 m 增加到 0.12 m,Yamaguchi 大理岩的单轴抗压强度减少了 11%。Bieniawski(1968)测试一组范围为 0.02 m~2 m 的正方体煤岩试样,发现随着试样尺寸增加,煤岩的单轴抗压强度降低到 4.7 MPa,降低了约 700%。Pratt 等(1972)对石英闪长岩和花岗闪长岩进行了一系列的实验室和现场试验,发现随着试样尺寸从 0.3 m 增加到 2.7 m,单轴抗压强度有着非常明显的降低,降低了约 1 000%。刘宝琛(1982)测试正方体的石灰岩和云母片岩的试样(尺寸为 5 mm~

30 mm),也发现这两种岩石具有非常明显的尺寸效应。Natau 等(1983)测试黄石灰岩的尺寸效应,试样的长宽比为 2∶1,单轴抗压强度随着尺寸增加而降低至 3.63 MPa。Jackson 等(1990)测试 56 个长宽比为 2∶1 的圆柱体的 Lac du Bonnet 花岗岩(试样的直径范围为 63 mm～294 mm),发现这种岩石也具有非常明显的尺寸效应,详细的介绍见7.1.1 节。

为了解释岩石的尺寸效应现象,一些研究者进行了很多的理论研究工作。这些理论研究工作主要分为两类:一是基于统计理论,通常被称为最弱连接理论;二是基于断裂力学。最弱连接理论由 Weibull 于 1939 年提出,Weibull 做出两个假定:固体单元的破坏概率是其体积的函数;受压条件下固体单元的破坏概率和内部的基本单元的破坏概率相等,将尺寸效应问题归因为统计现象。第二个假定意味着内部的基本单元是独立的,相互之间没有影响,所以第二个假定对理想脆性材料是适用的,但对准脆性材料,如:岩石,不太适用(Pretorius et al.,1972;Bažant et al.,1997;Bažant et al.,1998)。后续的研究者基于对这种统计理论的观点改进,对岩石尺寸效应提出新的理论方面解释。Bieniawski(1968)认为煤岩的单轴抗压强度尺寸效应是由很多的细观裂纹、裂缝或软弱面引起,煤岩单轴抗压强度应该是取决于裂纹数量和类型的统计值,在较小尺寸的试样中存在裂纹的可能性要小于在较大尺寸的试样中。Pretorius 等(1972)解释了岩石内部裂纹的相互关系,并提出了一种以计算岩石内部的裂纹关系来解释岩石抗压强度的方法。Bažant 等(1983)、Bažant(1984)提出了基于最弱连接理论的改进的方法,该方法可以用于解释准脆性材料如:岩石的尺寸效应,通过基于线弹性断裂力学推导,建立试样强度反比于试样尺寸平方根的表达式,7.2 节将进行详细讨论。

Griffith(1924)最早开展了基于断裂力学的岩石尺寸效应理论研究,认为微裂纹和裂缝的出现是导致大尺寸试样相对于小尺寸试样具有较低的强度的根本原因。Adey 等(1999)基于线性断裂力学开展岩石尺寸效应,并定量分析了试样边界条件对内部微裂纹的影响和内部微裂纹相互作用的必要条件。Exadaktylos 等(2008)对 Bažant 等(1993)提出的单轴抗压强度与试样高度的关系式做了一些修改,使其可以考虑 I 型微裂纹的粗糙度。Carpinteri(1994)、Carpinteri 等(1995,1997)基于分形理论,通过考虑微裂纹的分形特性开展了岩石尺寸效应理论研究。Brown(1987)、Mecholsky 等(1988)、谢和平等(1991)、Xie 等(1994,1997,2000)开展大量的关于岩石的微裂纹的分形特性研究。研究表明在微裂纹的力学和几何性质如裂纹扩展类型、裂纹分布、密度、裂纹面形状等中都存在明显的分形特性。虽然有些研究没有涉及尺寸效应,但是给开展基于岩石中微裂纹的分形特性的尺寸效应提供了较完整思路。

不少研究者开展了岩石单轴抗压强度尺寸效应研究,提出了很多的岩石单轴抗压强度与试样尺寸的关系式。主要分为两类:一类基于试验数据;另一类基于理论分析。下面对各个岩石单轴抗压强度与试样尺寸的关系式进行总结分析,并提出一种能适用于各类岩石的新关系式。

7.1.1 基于试验数据的单轴抗压强度和试样尺寸的关系

最常见的基于试验数据的单轴抗压强度和试样尺寸的关系式为负指数关系式,选用试样高度或直径(宽度)作为试样尺寸,关系式如下:

$$UCS = A_1 D^{-a_1} \tag{7-1}$$

式中:D—试样尺寸;

A_1,a_1—材料常数,可以通过试验数据拟合得到。

单轴抗压强度 UCS 和试样尺寸 D 的单位分别为 MPa 和 mm。对于大理岩,Mogi(1962)通过试验研究给出 A_1 和 a_1 分别等于 116.2 和 0.092;对于 Pittsburgh 煤岩,Hustrulid(1976)给出 A_1 和 a_1 分别等于 191~254 和 0.50;对于石英闪长岩,Abou-Sayed 等(1976)给出 A_1 和 a_1 分别等于 60.04 和 0.17;对于魁北克(Quebec)市 CANMET 地下矿 130 m 下的岩石,Simon 等(2009)给出 A_1 和 a_1 分别等于 803 和 0.462。

Price(1985)对式(7-1)进行修改,加入一个常量 B_2,关系式如下:

$$UCS = A_2 D^{-a_2} + B_2 \tag{7-2}$$

Price(1985)对 Topopah Spring 凝灰岩给出 A_2,a_2 和 B_2 分别等于 1944,0.8 和 69.5。

Hoek 等(1980)总结文献中出现的单轴压缩试验的数据(试验的试样是圆柱形或长方体形,范围为 10~200 mm),分析提出关系式如下:

$$UCS = UCS_1 (D/D_1)^{-a_3} \tag{7-3}$$

式中:单轴抗压强度 UCS 和 UCS_1(参照值)分别对应试样尺寸 D 和 D_1(参照值)。

Hoek 等(1980)选择参照尺寸 D_1 为 50 mm,给出 $a_3 = 0.18$。Herget(1988)、Jackson 等(1990)都给出和式(7-3)相同的关系式,Herget(1988)认为 a_3 不是一个固定值,而是存在范围 0.07~0.18 中,建议脆性岩石取较高值,软弱岩石取较低值。Jackson 等(1990)选择参照尺寸 D_1 为 63 mm,给出 $a_3 = 0.16$。

Thuro 等(2001)选用对数函数来描述尺寸效应,关系式如下:

$$UCS = A_4 + B_4 \ln D \tag{7-4}$$

式中:A_4,B_4—材料常数,Thuro 等(2001)测试花岗岩并给出这 2 个参数值,分别为 148.8 和 4.54。

Aubertin 等(2002)提出通用的关系式来分析评价前人的单轴抗压强度尺寸效应试验数据,关系式如下:

$$UCS = UCS_L + (UCS_S - UCS_L)[(D_L - D)/(D_L - D_S)]^{a_5} \tag{7-5}$$

式中:UCS_S—小尺寸 D_S 试样的单轴抗压强度;

UCS_L—大尺寸 D_L 试样的单轴抗压强度；

a_5—反映材料性质的指数。

其他一些的研究者提出很多的基于试验数据的单轴抗压强度和试样尺寸的关系式，选用试样体积作为试样尺寸。Lama 等(1976)提出了对数关系式如下：

$$UCS = A_6 + B_6 \lg V \qquad (7-6)$$

式中：A_6，B_6—材料参数；

V—试样尺寸，单位为 mm^3。

Lama 等(1976)对腐生的、暗色的和层状的煤岩分别给出 A_6 和 B_6 的值，387.4 和 -42.5，97.0 和 -6.3，93.3 和 -6.5。

Košťák 等(1971)基于对 Matinenda 砂岩的研究，提出单轴抗压强度和试样体积的关系式如下：

$$\log UCS = A_7 + B_7 \lg V \qquad (7-7)$$

式中：A_7，B_7—材料参数，Košťák 等给出 A_7 和 B_7 分别等于 2.79 和 -0.06。

7.1.2　基于理论分析单轴抗压强度和试样尺寸的关系

最早开展对于单轴抗压强度和试样尺寸的关系的研究是 Weibull(1939)。基于最弱节点理论推导出表达式如下：

$$UCS = UCS_1 (V/V_1)^{a_8} \qquad (7-8)$$

式中：a_8—材料常数；

单轴抗压强度 UCS 和 UCS_1（参照值）分别对应试样体积 V 和 V_1（参照值）。

考虑到试样体积 V 和试样尺寸 D 是同一量纲，该式从本质上和式(7-1)一致的。

Frenkel 等(1983a,1983b)基于关键强度条件下微裂纹分布满足正态分布，推导出两种关系式。两种关系式分别可以应用于大尺寸和小尺寸的试样，关系式如下：

$$UCS = A_9 - \sqrt{B_9 \lg(V) - C_9} \quad （大尺寸） \qquad (7-9)$$

$$UCS = E_9 + F_9/V \quad （小尺寸） \qquad (7-10)$$

式中：A_9，B_9，C_9，E_9 和 F_9—材料常数，取决于材料的应力状态和性质。

Bažant 等(1997)基于线弹性断裂力学推导出尺寸效应的关系式如下：

$$UCS = B_{10} f'_t (1 + D/D_0)^{-1/2} \qquad (7-11)$$

式中：f'_t—材料拉伸强度；

B_{10}—无量纲的参数；

D_0—和试样尺寸 D 相同量纲的常数。

Qi 等(2007)将岩石材料单轴压缩破坏归因于最弱区域的断裂,推导出单轴抗压强度 UCS 和试样体积 V 的关系式如下:

$$UCS = A_{11} + B_{11}V^{-a_{11}} \qquad (7-12)$$

式中:A_{11},B_{11} 和 a_{11}—材料常数。

Exadaktylos 等(2008)对 Bažant 等(1997)提出的单轴抗压强度与试样尺寸的关系式 [式(7-11)]做出修改,使其可以考虑形成 I 型微裂纹断裂韧性,具体如下:

$$UCS = UCS_d - 1.36(\pi^2 E' K_{IC}^4)^{1/5} H^{-2/5} \qquad (7-13)$$

式中:E'—平面应力弹性模量;

$\quad K_{IC}$—形成 I 型微裂纹断裂韧性;

$\quad H$—岩石试样的高度;

$\quad UCS_d$—岩石试样极限高度 d 的试样极限单轴抗压强度。

7.1.3　一个基于单轴抗压强度尺寸效应的新公式提出

文献(Mogi,1962;Johns,1966;Bieniawski,1968;Koifman,1969;Pratt et al.,1972;刘宝琛,1982;Natau et al.,1983;Jackson et al.,1990)给出了大量的岩石单轴抗压强度尺寸效应的试验数据,选取其中 6 组数据进行总结和分析(图 7-1),采用试样体积($V^{1/3}$)来统一描述不同形状和尺寸的试样。

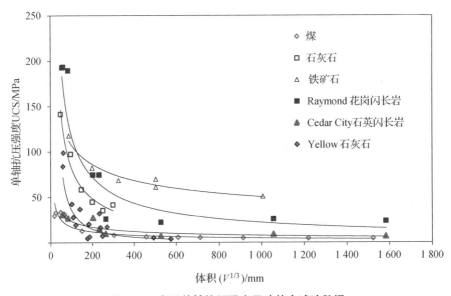

图 7-1　岩石单轴抗压强度尺寸效应试验数据

从图 7-1 中,可以很明显地发现随着体积 V 的增加,岩石的单轴抗压强度 UCS 减小,当体积 V 增加到足够大时,单轴抗压强度 UCS 接近到常量。所以提出一个通用的指数函数的表达式来描述不同岩石的单轴抗压强度和体积 V,表达式如下:

$$\mathrm{UCS} = A_0 + B_0 \exp(-\beta V^{1/3}) \tag{7-14}$$

式中：A_0，B_0—材料常量，取决于不同岩石的种类；

$\quad\quad\beta$—描述随着试样尺寸增加岩石强度降低的程度，指数 β 主要和岩石类型、岩石的初始微裂纹有关。

需要指出指数 β 是下节进行基于颗粒流的岩石尺寸效应研究的一个非常关键的参数。

当试样体积 V 接近于 ∞，岩石的单轴抗压强度接近于岩石单轴抗压强度的下限 σ_L，具体如下：

$$\mathrm{UCS} = \lim_{x \to \infty} [A_0 + B_0 \exp(-\beta V^{1/3})] = A_0 = \sigma_L \tag{7-15}$$

所以常数 A_0 等于岩石单轴抗压强度的下限 σ_L，式（7-14）可以改写为如下：

$$\mathrm{UCS} = \sigma_L + B_0 \exp(-\beta V^{1/3}) \tag{7-16}$$

当试样体积 V 接近于 0，即试验的试样非常小，小到可以近似认为岩石试样内部不存在任何微裂纹，此时的岩石单轴抗压强度可以认为等于绝对完整单轴抗压强度 σ_0（是一种极限情况），具体如下：

$$\mathrm{UCS} = \lim_{x \to 0} [A_0 + B_0 \exp(-\beta V^{1/3})] = \sigma_0 \tag{7-17}$$

$$\sigma_L = B_0 = \sigma_0 \tag{7-18}$$

从式（7-18）中求解出 B_0，代入到式（7-16）中，如下：

$$\mathrm{UCS} = \sigma_L + (\sigma_0 + \sigma_L) \exp(-\beta V^{1/3}) \tag{7-19}$$

式（7-19）中以"平均体积 $V^{1/3}$"的作为岩石试样尺寸衡量参数，是建立在对前人提出的公式总结的基础上提出的，具有表述简洁、可以考虑各种不同试样尺寸（mm 到 m 级）、不同试样形状（圆柱体或长方体）的优点。单轴抗压强度 UCS 和试样体积 V 的单位分别为 MPa 和 mm^3。

使用式（7-19）对从文献中收集的岩石的单轴抗压强度尺寸效应试验数据进行拟合和分析，具体结果列在表 7-1 中。明显看出式（7-19）在描述这些数据具有非常好的精度，拟合相关系数 R^2 的范围为 $0.803\,9 \sim 0.998\,1$。

表 7-1　基于式（7-19）拟合单轴抗压强度（UCS）结果

岩石类型	绝对完整强度 σ_0/MPa	强度下限 σ_L/MPa	指数 β/10^{-2}	相关系数（R^2）	引用
Yamaguchi 大理岩	97.9	69.3	1.516	0.904 6	Mogi,1962
铁矿石	165.8	56.7	0.660	0.951 9	Johns,1966
煤	38.5	4.31	0.609	0.946 4	Bieniawski,1968

续表

岩石类型	绝对完整强度 σ_0/MPa	强度下限 σ_L/MPa	指数 β/ 10^{-2}	相关系数 (R^2)	引用
石灰石	212.8	128.1	1.708	0.998 1	Koifman,1969
Cedar City 石英闪长岩	39.7	7.04	0.517	0.860 3	Pratt et al.,1972
Raymond 花岗闪长岩	319.1	19.8	0.833	0.964 5	Pratt et al.,1972
石灰岩	256.3	35.7	1.424	0.982 4	刘宝琛,1982
云母片岩	68.0	15.6	2.661	0.947 2	刘宝琛,1982
Yellow 石灰石	274.1	3.76	1.840	0.856 2	Natau et al.,1983
Lac du Bonnet 花岗岩	212.3	152.4	0.611	0.803 9	Jackson et al.,1990

7.2 岩石尺寸效应细观颗粒流数值模型建立

本节运用 PFC3D(V4.0)建立基于颗粒流的岩石尺寸效应细观数值模型,采用光滑节理接触模型建立微裂纹。首先给出详细的建模过程,并基于宏观的 Yamaguchi 大理岩尺寸效应试验数据(Mogi,1962)进行细观参数的校准,最后基于统计数据和分形理论对不同尺寸的岩石内部的微裂纹的几何性质进行探讨,为 7.3 节中的数值试验研究建立理论基础。

7.2.1 颗粒流数值模型建立过程

Mogi(1962)对 Yamaguchi 大理岩进行了不同试样尺寸多组的单轴压缩试验。试验的试样的形状是长方体,高度分别为 40 mm,60 mm,80 mm,120 mm,底面为正方形,高宽比 2 : 1。对每个尺寸分别进行了 20～30 组的单轴压缩试验,试验的结果反映了比较明显的尺寸效应,即单轴抗压强度随着尺寸增加而降低。本节采用颗粒流的模型进行尺寸效应的研究,首先以高度为 80 mm 模型进行细观参数的校准,然后对其他尺寸(高度为 40 mm,60 mm,100 mm 和 120 mm)的模型进行数值单轴压缩试验,预测不同尺寸的岩石单轴抗压强度进而研究岩石的尺寸效应。

在基于颗粒流的 PFC3D 中建模过程主要分为 6 个步骤,以高度为 80 mm 模型的建立过程为例,详细介绍如下:

1)初始紧密设置颗粒

采用无摩擦平面的墙来建立材料容器,然后在材料容器生成任意位置的球颗粒,通过 6 个无摩擦平面的墙形成长方体,以此模拟岩石试样形状。球颗粒的尺寸满足均匀分布,直径范围为:最小直径 D_{min} 为 0.75 mm,最大直径 D_{max} 为 1.25 mm。为了避免球颗粒之间的重叠,首先初始生成一半最终尺寸的球颗粒,然后增加球颗粒的直径直至最终尺寸,通过调整球颗粒的直径和空间位置以达到静态平衡,平衡率限定为 10^{-4},建模的结果如图 7-2(a)。

2) 设定各向同性的应力

继续通过调整所有球颗粒的直径,使得所有的球颗粒之间受到设定的各向同性的应力。对于研究的 Yamaguchi 大理岩,单轴抗压强度为 78.7 MPa～88.2 MPa,根据 PFC3D 手册中的推荐,选用单轴抗压强度的 0.1%,所以各向同性的压力定为 0.1 MPa。

3) 消除"浮动"的球颗粒

球颗粒的半径不完全相等,随机生成并通过力学的紧密,导致有些球颗粒少于三个接触。当单个的球颗粒接触小于三个时,球颗粒是不稳定的。需要通过调整球颗粒的空间位置消除"浮动"的球颗粒,获得更加密集的接触分布,可以进一步进行颗粒间粘结模型设定。

4) 设定平行粘结模型

将所有的球颗粒之间的接触设置为平行粘结模型,平行粘结模型的厚度约为颗粒平均直径的 10^{-6},设定后见图 7-2(b),图中黑色的线为平行粘结接触。平行粘结接触和球颗粒的模量设为相同,都为 55 GPa;所有球颗粒和平行粘结模型的法向和切向刚度之比设为 2.5;颗粒间摩擦系数设为 0.5。绝对的岩石数值模型是各向同性的,将平行粘结模型的法向和剪切强度设为相等。通过校准岩石数值模型的绝对完整强度 σ_0 来确定平行粘结模型的法向和剪切强度,从表 7-1 中可知基于 Yamaguchi 大理岩的试验数据(Mogi,1962)和式(7-19)拟合获得的绝对完整强度 σ_0 为 97.9 MPa。通过校准设定平行粘结模型的法向和剪切强度为 83.8 MPa,这样不同尺寸(高度为 40 mm,60 mm,80 mm,100 mm 和 120 mm)的岩石数值通过数值试验获得的绝对完整强度 σ_0 为 95.2 MPa～100 MPa,绝对岩石的强度和 97.9 MPa 很接近。

5) 移除材料容器

通过移除材料容器完成数值模型生成过程,见图 7-2(c)。在材料容器释放的过程中,通过扩大颗粒的直径而形成颗粒间可以自平衡的互锁力。

6) 设定裂缝

为了研究岩石的尺寸效应,最重要的是考虑初始微裂缝的影响。微裂纹可以认为是随机分布于岩石内的,微裂纹的尺寸和数量满足一个指数表达式,这个指数表达式由分形理论和统计方法推导得到(7.2.3 节详细推导过程)。微裂纹采用光滑节理接触模型来建立,建立微裂纹后的岩石数值模型见图 7-2(d)和图 7-2(e),图 7-2(d)中将平行粘结模型隐藏。光滑节理接触模型设为粘结型,考虑到岩石是一种准脆性材料,将节理面的粘结力设为拉伸强度的 3 倍。节理面的剪切和拉伸强度的设定将通过校准过程得到。

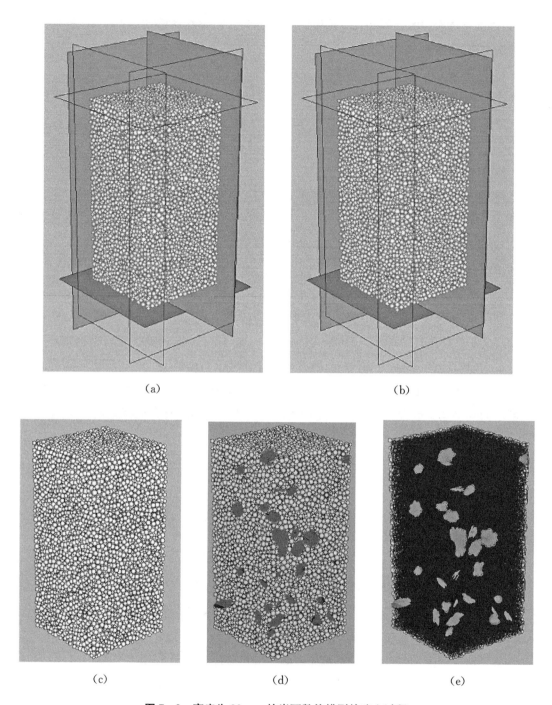

（a）   （b）

（c）   （d）   （e）

图 7‒2　高度为 80 mm 的岩石数值模型的建立过程

7.2.2　岩石尺寸效应数值模型细观参数校准和确定

高度为 80 mm 的 Yamaguchi 大理岩的单轴抗压强度为 82.6 MPa，杨氏模量为 52.2 GPa。通过校准 Yamaguchi 大理岩的数值模型的单轴抗压强度和杨氏模量，设定数值模型相关的细观参数,见表 7 - 2。基于表 7 - 2 中所列的细观参数,高度为 80 mm 的 Yamaguchi 大理岩数值模型通过数值试验测试获得的单轴抗压强度为 81.1 MPa,杨氏模量为 51.1 GPa。在图 7 - 3 中给出高度为 80 mm 的 Yamaguchi 大理岩的应力—应变曲线的试验数据和校准结果,可以看出设定的细观参数能非常准确地反映宏观的 Yamaguchi 大理岩的强度和变形参数。

表 7 - 2　数值模拟 Yamaguchi 大理岩的细观参数

颗粒属性及数值		平行粘结模型属性及数值		光滑节理接触模型属性及数值	
属性	数值	属性	数值	属性	数值
容积密度	2 702 kg/m³	平行粘结模量	55 GPa	摩擦系数	0.5
球半径	0.75～1.25 mm	法向强度	83.8 MPa	微裂纹法向强度	14.6 MPa
球模量	55 GPa	剪切强度	83.8 MPa	微裂纹粘结力	43.8 MPa
				微裂纹摩擦角	26.5°

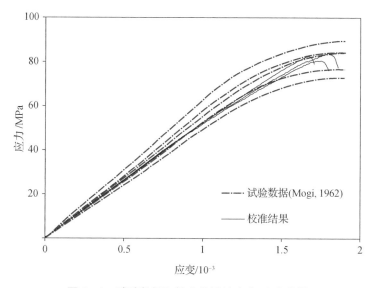

图 7 - 3　试验数据和校准结果的应力-应变曲线

7.2.3　微裂纹的几何性质的确定

为了在不同尺寸的岩石数值模型内设定合适的微裂纹来反映宏观的岩石强度的尺寸效应,必须要对微裂纹的几何属性如形状、位置、走向、尺寸(直径)和密度(数量)等进行设定。微裂纹的形状设为圆形,下面对微裂纹的空间几何信息(位置和走向)和尺寸几何信息(尺寸和密度)分别展开讨论。

1) 微裂纹位置和方向

Weibull(1939)提出的最弱节点理论被广泛地作为对岩石尺寸效应的解释理论基础,

该理论将材料的破坏归因于随机分布的结构性的裂缝(裂纹)。Bieniawski(1968)认为煤岩的单轴抗压强度尺寸效应是由内部许多随机的裂纹(弱面)或裂缝等引起。Goodman(1980)通过对许多对小型的、不含较大系统的裂纹的岩石块体尺寸效应研究的总结,得出尺寸效应是因为较大尺寸岩石试样在"关键位置"含有更多随机裂纹可能性的结论。Bažant 等(1997)对内含随机裂纹的小尺寸岩石试样尺寸效应进行研究。Xie 等(2000)认为细观尺度的断裂,如夹杂物、孔隙和裂纹,是引起较大岩石试样的物理和力学性质下降的原因。所以本章对修正广义三维非线性岩石和岩体参数尺寸效应的研究将微裂纹(或节理)的空间位置和方向设为随机分布。需要特别说明的是为消除因岩石试样中最大长度裂纹(节理)的走向对强度的影响(各向异性),将最大长度裂纹的空间位置和方向固定,空间位置设为岩石试样的质心,方向设为岩石试样的体对角线方向。

2) 微裂纹尺寸和密度

Xie 等(2000)认为裂纹的尺寸分布具有较明显自相似特性,并可以采用最基本的分形关系式(负指数表达式)进行表达式。Yamamoto 等(1993)同样发现裂纹的空间聚类具有明显的分形特性。Feng 等(2009)采用分形几何的方法对裂纹尺寸和数量的关系进行研究,通过对大量统计数据的总结得出裂纹尺寸和数量指数关系。

在观测窗口的表面区域 $L_0 \times L_0$ 中,裂纹尺寸和数量的基本分形几何关系式(Xie et al.,2000;Feng et al.,2009)如下:

$$N_a = N_0 a^{-D} \quad (a = L_0/2^i) \tag{7-20}$$

式中:N_a—裂纹迹长大于及等于 a 的裂纹数量;

D—裂纹尺寸和数量分布的分形维度;

N_0—裂纹数量的初始值,其值等于当观测窗口尺度为 a 时裂纹数量。

裂纹尺寸和数量的基本分形几何关系式可以有效地覆盖很大范围的观测窗口尺度,通过指数的形式来设定裂纹数量。对于另一尺度的观测窗口的表面区域 $L_1 \times L_1$,其中 L_1 等于 nL_0,裂纹迹长大于及等于 a 的裂纹数量,如下:

$$N_a = N_1 a^{-D} = n^2 N_0 a^{-D} \quad (a = L_1/2^i) \tag{7-21}$$

式(7-21)是基于二维观测表面区域裂纹迹长的统计,但在本章中进行的是三维岩石数值建模研究,所以将式(7-21)推导成三维形式。在三维岩石试样中,N_a 为裂纹尺寸(直径)大于及等于 a 的裂纹数量,表达式如下:

$$N_a = n^3 N_0 a^{-D} \quad (a = L_1/2^i) \tag{7-22}$$

当 a 增加时,裂纹长度大于及等于 a 的裂纹数量降低,因此将裂纹长度大于及等于最大裂纹尺寸 a_m 的裂纹数量设定为 1,即:当 a 等于 a_m,N_a 等于 1,代入式(7-22)中并推导,N_0 表达式如下:

$$N_0 = n^{-3} a_m^D \tag{7-23}$$

在式(7-23)中,为确定 N_0 必须先对体积为 V 的岩石试样最大裂纹尺寸 a_m 进行设定,所以提出岩石试样最大裂纹尺寸 a_m 和体积 V 的关系式如下:

$$a_m = \gamma L_{max}\left[1 - \exp(-\beta V^{1/3})\right] \tag{7-24}$$

式中:L_{max}——岩石试样的最大长度,即为岩石试样的对角线长度;

　　　β——指数参数,和式(7-19)中指数参数定义和取值相同;

　　　γ——整体控制裂纹尺寸的参数。

当岩石试样体积 V 趋向于 0,最大裂纹尺寸 a_m 近似为 0,可以认为在岩石试样内无裂纹;反之当岩石试样体积 V 趋向于 ∞,最大裂纹尺寸 a_m 近似为 aL_{max}。因此当岩石试样足够大,最大裂纹长度将会贯穿岩石试样($\gamma=1$),岩石的强度将被最大裂纹的性质所控制,这也解释了当岩石试样尺寸足够大,岩石的尺寸效应将不再明显的原因。由于岩石是自相似的材料,本节的研究虽然是针对微裂纹,但同样也适用于节理。对于岩石,内部会存在尺寸较小的微裂纹,所以将岩石的 γ 设定为 $0 < \gamma < 0.5$;而对于岩体,其内部存在尺寸相对较大的节理,所以将岩体的 γ 设定为 $0.5 < \gamma < 1$。

许多研究者对岩石的分形维度 D 开展了研究。Barton 等(1986)认为尤卡山(Yucca)的岩石节理网络的分形维度 D 为 1.49~1.91;Hirata(1989)在 10^{-1} m~10^{-2} m 的尺度下得到分形维度 D 为 1.49~1.61;谢和平等(1991)给出砂岩的分形维度 D 为 2.71;Davy(1992)认为岩石分形维度 D 的范围为 2.10~2.60;冯增朝等(2003)给出岩石分形维度 D 的范围为 1.40~1.90,并认为较高的单轴抗压强度岩石具有相对较低的分形维度 D。考虑到数值模拟的 Yamaguchi 大理岩具有相对较高的单轴抗压强度,所以选择1.8 作为Yamaguchi 大理岩分形维度 D 值。通过上述的研究结果可以发现岩石分形维度 D 可能的范围为 1.4~2.7,所以需要对不同分形维度 D 对尺寸效应的影响进行研究,选择几个典型的分形维度 D 值(1.4,1.6,2.2 和 2.6)进行数值建模和试验。

7.3　岩石尺寸效应细观颗粒流研究

本节对不同尺寸(高度为 40 mm,60 mm,80 mm,100 mm 和 120 mm)的 Yamaguchi 大理岩进行数值建模,并进行数值单轴压缩试验,测试数值模型的尺寸效应。采用其他两种的微裂纹尺寸和密度的分布对岩石建模和采用 7.2.3 节中的分布所建立的 Yamaguchi 大理岩进行比较,对 7.2.3 节中关于微裂纹几何性质的分析进行验证,最后对不同分形维度 D 对岩石的尺寸效应影响进行研究。

7.3.1　岩石尺寸效应细观数值建模和试验

通过式(7-23)和式(7-24)对不同尺寸的 Yamaguchi 大理岩的微裂纹尺寸和数量进行设定。不同尺寸(高度为 40 mm,60 mm,80 mm,100 mm 和 120 mm)的岩石试样在式(7－23)中的参数 n 分别为 0.5,0.75,1.0,1.25 和 1.5。考虑到大理岩为一种质地较好的岩石,将式(7－24)中参数 γ 设为 0.2。首先设定高度为 80 mm 的 Yamaguchi 大理岩内含 32 个微裂纹,由式(7－23)可得高度为 40 mm,60 mm,100 mm 和 120 mm 的 Yamaguchi 大理岩内含微裂纹的数量分别为 4,14,63,108,进而微裂纹的尺寸由式(7－23)和式(7－24)得到。Mogi(1962)对高度 40 mm,60 mm,80 mm 和 120 mm 进行试验和尺寸效应的研究,本节为保持尺寸研究的连贯性,在数值模拟时增加了一组高度为 100 mm 的 Yamaguchi 大理岩数值模型,详细的数值模拟计划和微裂纹参数的选取见表7－3。图7－4 为内含微裂纹的不同尺寸(高度为 40 mm,60 mm,80 mm,100 mm 和 120 mm)的 Yamaguchi 大理岩数值模型的前视图。

表 7－3　数值模拟计划表和微裂纹参数

岩石试样尺寸/mm		试验数量 (Mogi,1962)	单轴抗压强度 UCS(Mogi,1962)/ MPa	数值试验数量 (D=1.8)	微裂纹 参数 n	微裂纹 数量
宽度	高度					
20	40	20—30	88.2	5	0.5	4
30	60	20—30	87.2	5	0.75	14
40	80	20—30	81.1	5	1.0	32
50	100	—	—	5	1.25	63
60	120	20—30	78.7	5	1.5	108

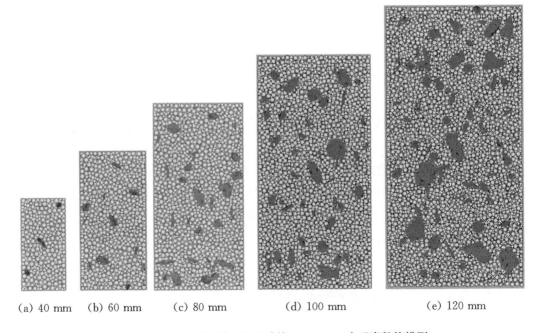

(a) 40 mm　(b) 60 mm　(c) 80 mm　(d) 100 mm　(e) 120 mm

图 7－4　内含微裂纹的不同尺寸的 Yamaguchi 大理岩数值模型

图7－5中给出了不同尺寸的岩石数值试样通过数值试验所获得单轴抗压强度

UCS,见图中的内空的三角形点;给出了室内试验数据(Mogi,1962),见图中深色的方形;给出了基于式(7-19)的室内试验数据拟合曲线,见图中虚线。可以发现基于颗粒流和7.2.3节中提出的微裂纹几何性质的确定方法建立的不同尺寸的 Yamaguchi 大理岩数值模型可以很好地反映岩石的尺寸效应,数值模型获得的数值试验曲线(图中实线)和室内试验数据拟合曲线非常的接近。

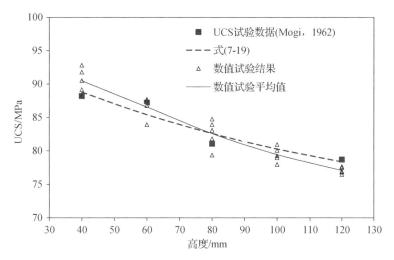

图 7-5　不同试样高度数值模型的单轴抗压强度与试验数据对比

为了进一步研究节 7.2.3 中基于分形理论和统计方法给出的微裂纹几何性质确定方法对岩石尺寸效应的影响,选择另外两种微裂纹几何性质确定方法作为参照试验,如下:

① 微裂纹的空间位置和走向随机分布,微裂纹的数量随着岩石的试样增加而等比增加,而微裂纹的尺寸不随岩石的试样增加而变化;

② 微裂纹的空间位置和走向随机分布,微裂纹的数量和尺寸随着岩石的试样增加而等比增加。

图 7-6 中给出了基于其他两种微裂纹几何性质确定方法获得的不同试样尺寸岩石数值模型的单轴抗压强度曲线,将基于 7.2.3 节提出的微裂纹几何性质确定方法所建立的不同尺寸的 Yamaguchi 大理岩数值模型的单轴抗压强度曲线也在图 7-6 中列出。当微裂纹的尺寸不随岩石的试样增加而变化时,获得不同尺寸数值模型的单轴抗压强度曲线趋势和真实岩石的尺寸效应的曲线趋势完全相反,岩石数值模型的单轴抗压强度随着试样尺寸的增加反而增加。当微裂纹的数量和尺寸随着岩石的试样增加而等比增加时,虽然比微裂纹的尺寸不随岩石的试样增加而变化时稍微接近真实岩石的尺寸效应的曲线趋势,但也和真实的尺寸效应相反。所以为了能够反映宏观岩石的尺寸效应,微裂纹尺寸不但要随着岩石的试样尺寸增加而增加,而且要比岩石的试样尺寸增加得快,应用基于分形理论的指数关系式能和很好地描述微裂纹尺寸快速增加的特性,因此能很好地反映岩石的尺寸效应。

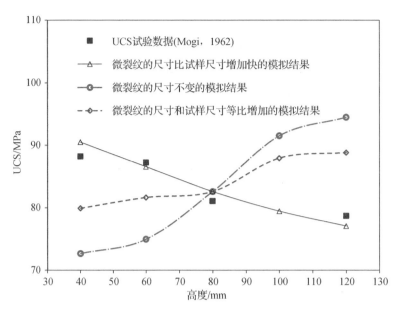

图 7-6　不同的微裂纹尺寸分布类型对 Yamaguchi 大理岩数值模型尺寸效应的影响

7.3.2　微裂纹分布分形维度对尺寸效应的影响

　　7.3.1 节模拟了微裂纹分布的分形维度 D 为 1.8 时的数值模型,从 7.2.3 节对岩石的分形维度的统计分析可以发现分形维度 D 的可能的存在范围。本节设定不同的分形维度 D 值来研究其对岩石的尺寸效应的影响。分形维度 D 设为 1.4,1.6,1.8,2.2 和 2.6。图 7-7 中给出高度 120 mm 的岩石数值模型中微裂纹尺寸 a 与对应的微裂纹数量 N_a 的关系曲线,可以看出较大的分形维度 D 可以相应地得到较多数量和较长尺寸的微裂纹,分形维度 D 控制着微裂纹尺寸的分布和相应的数量。

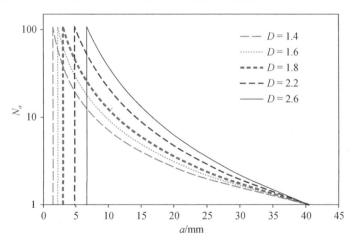

图 7-7　高度 120 mm 岩石数值模型中不同分形维度 D 的微裂纹数量 N_a 与尺寸 a 的关系

　　图 7-8 中给出不同微裂纹分形维度 D 岩石数值模型的数值试验结果。增加微裂纹

分形维度 D 可以使得岩石的尺寸效应更加明显,在开展修正广义三维非线性岩体强度准则的岩体参数尺寸效应的研究中,需要选取合适的分形维度 D 值。

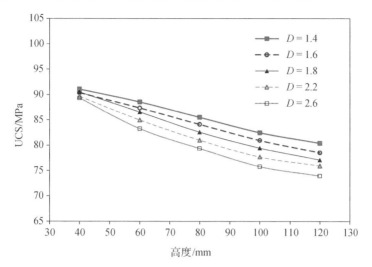

图 7-8　不同的分形维度下单轴抗压强度与试样尺寸的关系

7.4　岩体参数的尺寸效应研究

从前文中对完整(I)、块状(B)和非常块状(VB)岩体的描述和定义,可以看出完整(I)、块状(B)和非常块状(VB)岩体的性质由完整岩块和节理的共同作用。在这 3 类岩体中,非常块状(VB)岩体的节理分布密度最大,块状(B)岩体次之,而完整(I)岩体的节理分布密度最小。从图 2-1 中,可以发现完整(I)岩体只会在较小尺度下存在,但随着岩体的尺度增加,完整(I)岩体趋向于块状(B)岩体;随着岩体的尺度进一步增加,块状(B)岩体趋向于非常块状(VB)岩体。完整(I)、块状(B)和非常块状(VB)岩体的力学性质由完整岩块和节理的共同作用,这 3 类岩体的节理几何性质并非孤立的存在,而是具有相互之间的关联,这样的关联在宏观尺度上被称为尺寸效应。所以本节结合 7.2 节和 7.3 节对岩石的尺寸效应的研究,整体地开展 3 类岩体研究,对完整(I)、块状(B)和非常块状(VB)岩体分别进行数值建模,进行相关的数值试验并测试岩体参数,对修正广义三维非线性岩体强度准则的完整(I)、块状(B)和非常块状(VB)岩体参数 m_b, s, a 的尺寸效应展开研究。

7.4.1　不同尺寸的岩体数值模型建立和测试过程

选择 6 组不同尺寸的岩体数值模型分别模拟完整(I)、块状(B)和非常块状(VB)岩体。采用正方体形的岩体试样,岩体模型的尺寸见表 7-4。由于本节只对岩体的节理展开研究,在 6 组岩体数值模型中设定完全相同的完整岩块力学性质来消除完整岩块的影响。细观非球形颗粒的数量为 32.3%,细观非球形颗粒尺寸随着岩体模型的尺寸增加等比增加,通过这样设定可以使得 6 组岩体模型具有相等的颗粒数量和完全相同的完整岩块力学性质,其他细观参数采用和 6.5.1 节对 LDB 花岗岩(例 B)进行数值建模相同的细观参数,获得 6 组岩体模型的完整岩块参数为 31.92。需要指出,在较大尺寸的岩体数值模型中采用的基本颗粒尺寸较大,这是因为岩体中完整岩块的性质为各向同性而且假定其影响不考虑,可以将完整岩块近似看成为岩体的"基本颗粒"而非真实的细观颗粒。

将 6 组岩体数值模型的结构等级 SR 设为 90,80,70,60,50 和 40,分别用来模拟完整(I)、块状(B)和非常块状(VB)岩体,节理数量从图 5-3 得到,在表 7-4 中列出。6 组岩体模型的节理尺寸和数量分布的分形维度设为 2.0,考虑到模拟对象为岩体,将式(7-24)中参数 γ 设为 1.0,从表 7-1 中得到式(7-24)中花岗岩参数 β 为 0.006 11,通过式(7-23)和式(7-24)可以确定节理的尺寸,其中最大节理尺寸在表 7-4 中列出。节理面选用圆形面,通过光滑节理接触模型来进行节理面的建模,节理面的粘结力为 2 MPa,摩擦系数为 0.5,无风化、无填充,所以在图 5-3 中的三个参数:粗糙度等级(R_r),风化等级(R_w)和填充等级(R_f)分别等于 5,6 和 6,得到岩体模型中表面条件等级 SCR 等于 17。通过 7.4.1 中岩体参数快速取值程序得到 6 组数值模型所模拟的岩体地质强度指标 GSI,在表 7-4 中列出,在图 7-9 中给出了基于上述设定所建立的 6 组不同尺寸的岩体数值模型。

表 7-4　不同尺寸岩体数值模型的细观参数

数值模型	岩体尺寸/m	非球形颗粒尺寸/mm	结构等级 SR	节理数量	表面条件等级 SCR	最大节理尺寸/m	模拟 GSI	模拟对象
a	0.5×0.5×0.5	38×114×38	90	1	17	0.183	90	完整(I)岩体
b	1×1×1	76×228×76	80	1	17	0.638	83	完整(I)岩体
c	1.5×1.5×1.5	114×342×114	70	10	17	1.259	78	块状(B)岩体
d	2×2×2	152×456×152	60	36	17	1.977	71	块状(B)岩体
e	3×3×3	228×684×228	50	176	17	3.541	66	非常块状(VB)岩体
f	4×4×4	304×912×304	40	640	17	5.144	61	非常块状(VB)岩体

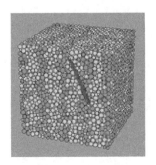

(a) 0.5 m×0.5 m×0.5 m　　　　　(b) 1 m×1 m×1 m

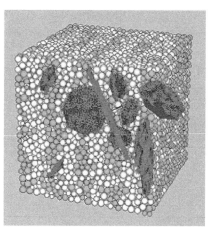

(c) 1.5 m×1.5 m×1.5 m

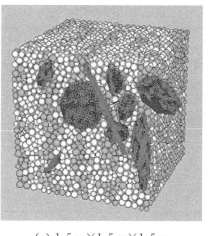

(d) 2 m×2 m×2 m

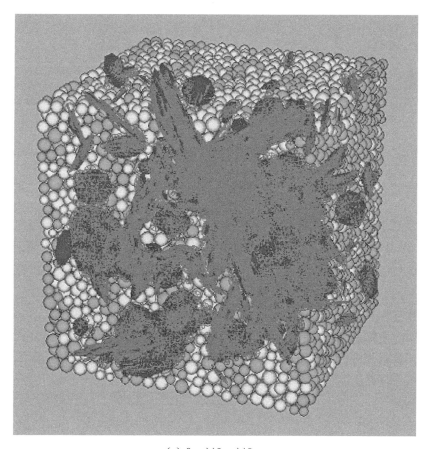

(e) 3 m×3 m×3 m

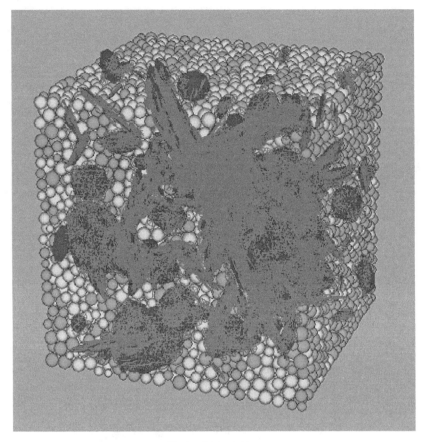

(f) 4 m×4 m×4 m

图 7 - 9　6 组不同尺寸的岩体数值模型

7.4.2　完整(I)、块状(B)和非常块状(VB)岩体参数尺寸效应

　　将建立的 6 组岩体数值模型进行常规三轴压缩数值试验,围压为 5 MPa,10 MPa, 15 MPa,20 MPa,30 MPa,40 MPa(满足小于单轴抗压强度 30％的要求),测试建立的 6 组岩体数值模型的三轴抗压强度。对于每组数值试验,通过调整建立数值模型过程中的初始组装,分别进行 5 次数值试验,最终结果为 5 次试验结果平均值。采用式(3 - 23)和式(3 - 26)对修正广义三维非线性岩体强度准则的岩体参数 m_b,s,a 进行拟合,式(3 - 26)给出了基于地质强度指标(GSI)计算岩体参数 m_b,s,a 的等式,所以采用 GSI 作为唯一的拟合参数。首先通过拟合得到 GSI(表 7 - 5)然后将 GSI 代入式(3 - 26)中,可以得到 6 组数值模型岩体参数 m_b,s,a 拟合值(表 7 - 5)。

表 7 - 5   不同尺寸岩体数值模型的细观参数

数值模型	模拟对象	GSI		m_b		s		a	
		模拟值	模型获得	模拟值	模型获得	模拟值	模型获得	模拟值	模型获得
a	完整 (I)岩体	90	99.12	22.39	31.01	0.329 2	0.906 9	0.500 2	0.500 0
b	完整 (I)岩体	83	97.61	17.44	29.38	0.151 2	0.766 8	0.500 4	0.500 0
c	块状 (B)岩体	78	88.34	14.59	21.10	0.086 8	0.273 7	0.500 7	0.500 2
d	块状 (B)岩体	71	84.98	11.36	18.71	0.039 9	0.188 5	0.501 3	0.500 4
e	非常块状 (VB)岩体	66	78.83	9.50	15.02	0.022 9	0.095 2	0.501 8	0.500 7
f	非常块状 (VB)岩体	61	72.53	7.95	12.00	0.013 1	0.047 3	0.502 6	0.501 1

从表 7 - 5 中可以看出基于 7.2.3 节节理几何性质确定方法建立的 6 组岩体数值模型可以在一定程度上反映修正广义三维非线性岩体强度准则的岩体参数 m_b, s, a 尺寸效应。6 组岩体数值模型的尺寸效应虽然在趋势上和实际的岩体的尺寸效应保持一致,但获得的岩体参数 m_b, s, a 值和实际情况有较明显的差异。基于 7.2.3 节中节理几何性质确定方法虽然对岩石非常有效,但在面对相对比较复杂的岩体时,单独只考虑节理几何性质不能获得完全理想结果,岩体中完整岩体的影响不能被忽略。

7.5   本章小结

本章主要有以下内容:

① 系统研究了岩石单轴抗压强度(UCS)的尺寸效应,通过对大量的不同尺寸的单轴抗压强度试验数据和尺寸效应公式的总结,提出了一个描述岩石单轴抗压强度与岩样体积关系的新表达式[式(7 - 19)],新表述式可以非常好地拟合不同岩样尺寸的多种岩石单轴抗压强度数据。

② 基于分形理论和统计方法提出了岩石微裂纹几何性质确定方法。微裂纹空间位置和走向服从随机分布,而微裂纹尺寸和数量服从指数分布。通过数值模拟对该确定方法进行了验证。

③ 建立了不同尺寸的 Yamaguchi 大理岩长方体试样的数值模型,对数值模型进行了数值试验校正,调整并确定了相应的细观参数。使用校正后的数值模型进行了不同尺寸的 Yamaguchi 大理岩单轴抗压强度预测,数值试验的结果与试验结果有较好的一致性。数值模拟结果表明,只有当微裂纹尺寸比试样尺寸具有更快的增加速度,才能获得岩石单轴抗压强度尺寸效应。

④ 采用基于分形理论和统计方法的节理几何性质确定方法建立了 6 组岩体数值模型,分别模拟完整(I)岩体、块状(B)岩体和非常块状(VB)岩体。建立的岩体数值模型可以在一定程度上反映修正广义三维非线性岩体强度准则的岩体参数 m_b, s, a 尺寸效应。

8 广义三维非线性岩体强度参数标准化

岩石天然的复杂性如非均质性、变异性、各向异性以及不连续性等决定了岩体工程的不确定性、多样性，因此研究者在进行现场岩体强度测试的时候会因为考虑因素不同而采用不同的测量标准，使得记录的数据是随性化的。这就导致数据不完整、单位不统一、缺少关键过程描述等问题。数据的加工处理也变得更加困难，直接导致数据的利用率低下，乃至无法共享。在过去的几十年，我国各部门获取了大量的岩体工程现场测试资料，但由于各部门的开发平台不同，导致这些数据因为缺乏统一的标准而不能相互借鉴使用，浪费了大量的人力、物力，所以为了多源数据能够综合一体化，制定岩体工程现场强度测试的标准就成为首要任务。

目前在数据标准化领域认知度比较高的有两个数据传输标准：英国的 AGS（岩土工程和岩土环境专家协会）标准和土耳其的 DIGGS（岩土工程和岩土环境专家数据交互）标准，其中 AGS 已经非常成熟且业内认可度比较高，但 AGS 是根据英国岩土规范制定的，在一定程度上并不能完全满足国内需求。所以本章基于 Hoek 等（1980）提出的 Hoek-Brown 强度准则和 Zhang（2008）提出的广义三维非线性岩体强度准则，结合 AGS4 标准制定出符合自身要求的强度测试标准方法及软件，将信息技术运用到岩体工程中，为现场测试数据的保存与传输共享使用提供技术支撑。

8.1 AGS 标准概述

8.1.1 AGS 标准简介

AGS 标准是英国岩土工程和岩土环境专家协会修订的岩土工程电子数据传输标准。它作为合适的电子数据传输和存储手段已经被许多地面工程研究方面所接受。

AGS 系列标准自从 1992 年第一次修订以来，陆续又经过 3 次升级现发展到了 AGS4 标准，得到了各国认可，并广泛用于岩土工程数据共享。AGS4 标准具有高度的系统性，它按不同试验对岩土数据进行归类，称为数据组（GROUP，一般 1 个试验对应 1 个或 2 个数据组），数据系统内所有数据种类（TYPE）、单位（UNIT）、缩写（ABBR）以及表头（HEADING）等都有明确定义和释义，因此采用 AGS4 标准建立的数据表具有良好的系统性和可读性，这使得数据库的维护、修改和扩展更容易进行。同时 AGS4 标准提供了各种试验数据的关键表头（标记为 *，且数据中必须包括该表头）、非空表头（标记为

R,该列数据不能为空)和可选表头,另外 AGS4 标准支持用户自定义数据组和表头,这也使得 AGS4 标准具有更强的灵活性。

岩土工程和岩土环境数据系统接受或产生 AGS 格式的数据的能力使得数据系统运营商在不影响与客户、合作伙伴或供应商之间交换数据的能力的情况下可以继续使用自己的个人定制流程和工作方法,比如常见的数据捕捉或加工模式。同时,这种模式还有助于建立一个数据生产者、接受者和国家机构之间的数据档案库。可以说,用 AGS 格式传输数据可以很好地减少成本、时间以及存在的错误。同时 AGS 格式的持续发展也旨在鼓励它在地面调查以及设计阶段、项目的招投标和施工阶段的同时使用。

AGS 格式的组织形式类似一个倒置的树结构,最顶端是工程信息组,下面则是其他的组织形式。一个工程要想得到充分表达说明,除了工程概况之外,它的地点信息、所处地点地层状况、区间地层状况等也是需要明确的,因此大量的试验是不可或缺的,例如为了了解工程的地点信息而进行原位测试,相应的原位测试所得的数据也直接记录在地点信息数据组。在 AGS 格式的层次结构中,每个数据组都有一个父组,父组下面对应着许多的子组。父组与子组、子组与子组之间均通过关键字段相互连接。当组织结构进行工作时,关键字段的数据必须上下一致且具有标识性,这样才能使数据组与数据组之间的信息传递准确高效。AGS 格式的具体框架可以参见图 8-1。

8.1.2　AGS 标准的发展

AGSML 是英国杜伦大学的 D. G. Toll 教授于 2014 年提出的一个新的概念,它将 AGS 格式与 XML/GML 相结合取代当前的 AGS 标准。XML 是世界万维网协会制定的用于描述数据文档中数据的组织和安排的结构化语言,在数据转化和数据传输方面具有独特的优势。它是一种格式与数据分离、存储空间极小、完全符合国际标准的通用性语言,具备跨平台的传输的能力,为实现岩土工程数据转化和数据共享提供了有力的技术支持。另外,XML 数据具有自我描述性,可以制定出岩土领域特有的标签,进而制定出岩土领域的数据传输标准。GML 则是将 XML 与 GIS(地理信息系统)相结合形成的,它在秉承 XML 优点的同时又增加了将内容与表现形式分开的特性,可以让不同的用户按照自己希望的格式展示同一文档的数据内容。因此,将 AGS 格式与 XML/GML 相结合可以给用户提供以下优点:

1) 数据验证

AGSML 能提供链接到一个在线 XML 验证器,它可以在不需要开发任何新软件的情况下提供一个准确的答案。

2) 独特引用

AGSML 允许有给样本和漏洞的标识符,这些标识符是非描述性的,也可以是为客户特定的。使用 GML ID 和名称选项的 AGSML 文件也将允许一个样本或漏洞有多个独特的标识符,分别对应着每个处理数据的组织,这将使得每个客户的数据在不损坏的情况下传输。

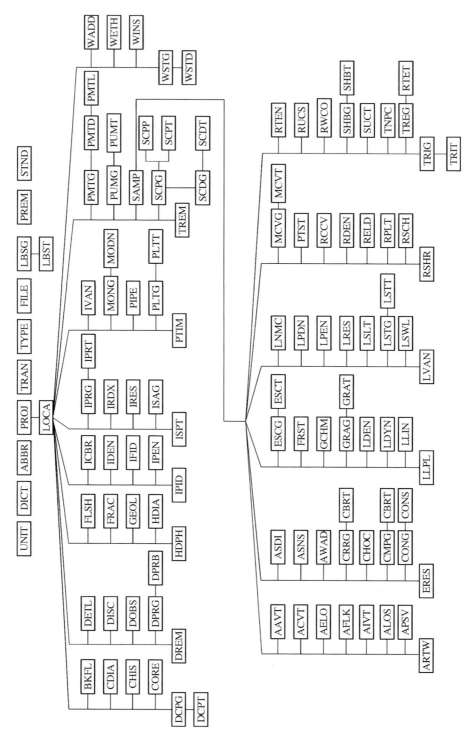

图 8 - 1 AGS 格式的框架图

3）国际化

AGSML 使得许多组织对他们自身满足要求的能力进行审视，从而不断改善进步。

他们会发现 AGSML 的优越性，从而使得自身向更多领域发展。

4）互用性

AGSML 已经结构化，这样就可以在每个级别的细节中添加额外的物品，这些增加的部分可能是用户定义字段或外部 XML 定义的团体。

AGSML 的诸多优点为 AGS 标准在更多领域发展创造了机会，也使得岩体工程现场试验数据标准化成为可能。

iS3 是我国朱合华教授在 AGS 标准基础上提出的主要服务于隧道工程的数据传输标准，它的数据表是基于 AGS4 标准建立的 Excel 表格（借助 KeyAGS 软件），但由于 AGS 标准是按照英国标准修订的，所以在应用到 iS3 数据表格上做了一些改变，这些改变有以下几点：

① AGS4 标准要求数据文件中只能包括 ASCII 字符，基于 iS3 的现有数据主要基于国内工程，因此在 iS3 数据表中允许数据采用中文，但所有表头、缩写、数据单位、数据种类和 ID 类数据仍然遵循 AGS4 标准的要求。

② 由于英国对试验数据的要求跟国内有出入，因此在使用时部分表头需要被重新定义或增加。

由于表格中不同工作表有一定相关性，为了提高录入工作的速度和效率，必须按照一定顺序将数据录入不同工作表。为了提高 iS3 数据表与国际岩土工程数据的相容性，在使用 Excel 表格时要尽量遵守 AGS4 标准的规则，按规定的数据类型和数据单位正确录入数据，建表时尽量遵照 AGS4 标准推荐的范式建表。

8.2 岩体现场测试基本数据标准化

8.1 节已经提及，AGS 格式的数据文件必须包含四大基本数据组：PROJ（工程信息）、TYPE（数据类型）、UNIT（单位）和 TRAN（数据传输）。本章在 AGS 标准的基础上制定出岩体参数现场测试基础数据的标准，并建立相应的基础数据库，将对参数现场测试标准四大基本数据组以及子组 LOCA 组的表头相关定义进行详细的介绍。

8.2.1 现场测试基本数据组

1）PROJ 工程信息数据组

在 AGS 格式文件中使用的工程名称、地点和概况等信息都需要在 PROJ 数据组中进行定义，表 8-1 是 PROJ 数据组表头的定义。

表 8-1　PROJ 数据组表头的定义

表头标题	建议单位/数据类型		描述
PROJ_ID		ID	Project Identifier 工程标识符

表头标题	建议单位/数据类型	描述
PROJ_NAME	X	Project Title 工程名称
PROJ_LOC	X	Location of Site 工程地点
PROJ_CLNT	X	Client Name 工程开发商
PROJ_CONT	X	Contractors Name 工程承包商
PROJ_ENG	X	Project Engineer 工程工程师
PROJ_MEMO	X	General Project Comments 工程概况
FILE_FSET	X	Associated File Reference 相关文件

针对某一特定工程(例如安徽明堂山隧道),PROJ 工程信息储存为 AGS 格式文件如下所示:

"GROUP","PROJ" //

"HEADING","PROJ_ID","PROJ_NAME","PROJ_LOC","PROJ_CLNT","PROJ_CONT","PROJ_ENG","PROJ_MEMO","FILE_FSET" //

"UNIT","","","","","","","" //

"TYPE","ID","X","X","X","X","X","X","X" //

"DATA","AHMTS","Anhui Mingtangshan Tunnel","Jianshe West Road, Anhui","Anhui Government","Anhui Tunnel Corporation","China Railway Engineering","Example AGS file-associated files are not included","FS001" //

注:以上每一双斜线代表 AGS 存储形式中的一行语言,因页面限制分为几行显示,下同。

第一行语言定义数据组名称,第二行语言定义数据组中包含的表头,第三行语言定义表头所对应的数据类型,第四行语言定义表头所对应的数据单位,第五行语言则是特定工程的相关数据,其他数据组的 AGS 存储形式也应遵照此形式。

PROJ 数据组信息在数据库中的存储如图 8-2 所示。

PROJ_ID	PROJ_NAME	PROJ_LOC	PROJ_CLNT	
<UNITS>				
TYPE	X	X	X	
AHMTS	Anhui Mingtangshan Tunnel	Jianshe West Road, Anhui	Anhui Government	
	PROJ_CONT	PROJ_ENG	PROJ_MEMO	FILE_FSET
	X	X	X	X
	Anhui Tunnel Corporation	China Railway Engineering	Example AGS file	FS001

图 8-2 PROJ 数据组数据库显示

2）UNIT 单位数据组

在 AGS 格式文件中使用的数据单位都需要在 UNIT 数据组中进行定义，表 8-2 是 UNIT 数据组表头的定义。

表 8-2 UNIT 数据组表头的定义

表头标题	建议单位/数据类型		描述
UNIT_UNIT		X	Unit 单位
UNIT_DESC		X	Description 描述
FILE_FSET		X	Associated File Reference 相关文件

针对某一特定工程（例如安徽明堂山隧道），UNIT 单位数据组储存为 AGS 格式文件如下所示：

> "GROUP","UNIT"　//
> "HEADING","UNIT_UNIT","UNIT_DESC","FILE_FSET"　//
> "UNIT","","",""　//
> "TYPE","X","X","X"　//
> "DATA","m","meter",""　//
> "DATA","mm","millimeter",""　//
> "DATA","yyyy-mm-dd","year month day",""　//
> "DATA","yyyy-mm-ddThh：mm","year month day hours minutes",""　//
> "DATA","mm：ss","minute second",""　//
> "DATA","hh：mm：ss","hour minute second",""　//
> "DATA","-","No Units",""　//
> "DATA","kPa","kilopascal",""　//
> "DATA","MPa","million pascal",""　//
> "DATA","MPa/s","million pascal per second",""　//
> "DATA","m/s","meter per second",""　//
> "DATA","%","percentage",""　//
> "DATA","°","degree",""　//
> "DATA","mian/m3","surface per cubic meter",""　//
> "DATA","bar","bar",""　//
> "DATA","degC","degree celsius",""　//

UNIT 单位数据组信息在数据库中的存储如图 8-3 所示。

PROJ_ID	UNIT_UNIT	UNIT_DESC	STOP	TABLES=UNIT
<UNITS>				
TYPE	X	X		
AHMTS	m	meter		
	mm	millimeter		
	yyyy-mm-dd	year month day		
	yyyy-mm-ddThh:mm	year month day hours minutes		
	mm:ss	minute second		
	hh:mm:ss	hour minute second		
	-	No Units		
	kPa	kilopascal		
	MPa	million pascal		
	MPa/s	million pascal per second		
	m/s	meter per second		
	%	percentage		
	°	degree		
	mian/m^3	surface per cubic meter		
	bar	bar		
	degC	degree celsius		

图 8-3　UNIT 数据组数据库显示

3）TYPE 数据类型数据组

在 AGS 格式文件中使用的数据类型都需要在 TYPE 数据组中进行定义，表 8-3 是 TYPE 数据组表头的定义。

表 8-3　TYPE 数据类型数据组表头的定义

表头标题	建议单位/数据类型	描述
TYPE_TYPE	X	Data Type Code 数据类型代码
TYPE_DESC	X	Description 描述
FILE_FSET	X	Associated File Reference 相关文件

针对某一特定工程（例如安徽明堂山隧道），TYPE 数据类型数据组储存为 AGS 格式文件如下所示：

"GROUP","TYPE"　//

"HEADING","TYPE_TYPE","TYPE_DESC","FILE_FSET"　//

"UNIT","","",""　//

"TYPE","X","X","X"　//

"DATA","ID","Unique identifier",""　//

"DATA","X","Text",""　//

"DATA","PA","Pick list text field, abbreviations/codes listed in ABBR group",""　//

"DATA","PT","Pick list text field, abbreviations/codes listed in

TYPE group","" //

"DATA","DT","*Date time in international format*","" //

"DATA","0DP","*Value，0 decimal places*","" //

"DATA","1DP","*Value，1 decimal places*","" //

"DATA","2DP","*Value，2 decimal places*","" //

"DATA","PU","*Pick list text field，abbreviations/codes listed in U-NIT group*","" //

"DATA","3SF","*Value with 3 significant figures*","" //

"DATA","YN","*Yes or No*","" //

"DATA","T","*Time*","" //

TYPE 数据类型数据组信息在数据库中的存储如图 8－4 所示。

PROJ_ID	UNIT_UNIT	UNIT_DESC	STOP	TABLES=TYPE	
<UNITS>					
TYPE	X	X			
AHMTS	ID	Unique identifier			
	X	Text			
	PA	Pick list text field, abbreviations/codes listed in ABBR group			
	PT	Pick list text field, abbreviations/codes listed in TYPE group			
	DT	Date time in international format			
	0DP	Value, 0 decimal places			
	1DP	Value, 1 decimal places			
	2DP	Value, 2 decimal places			
	PU	Pick list text field, abbreviations/codes listed in UNIT group			
	3SF	Value with 3 significant figures			
	YN	Yes or No			
	T	Time			

图 8－4　TYPE 数据类型数据库显示

4）TRAN 数据传输数据组

在 AGS 格式文件中进行数据传输都需要在 TRAN 数据组中进行定义，表 8－4 是 TRAN 数据传输数据组表头的定义。

表 8－4　TRAN 数据传输数据组表头的定义

表头标题	建议单位/数据类型		描述
TRAN_ISNO		X	Issue Sequence Reference 问题序列号
TRAN_DATE	yyyy-mm-dd	DT	Date of Production of Data File 文件产生日期
TRAN_PROD		X	Data File Producer 数据文件产生者
TRAN_STAT		X	Status of Data Within Submission 提交状态数据的地位

表头标题	建议单位/数据类型	描述
TRAN_DESC	X	Description of Data Transferred 被传输数据的描述
TRAN_AGS	X	AGS Edition Reference AGS 版本序列号
TRAN_RECV	X	Data File Recipient 文件接收者
TRAN_DLIM	X	Recordlink Data Type Delimiter 分隔符
TRAN_RCON	X	Concatenator 连接符
FILE_FSET	X	Associated File Reference 相关文件

针对某一特定工程(例如安徽明堂山隧道),TRAN 数据传输数据组储存为 AGS 格式文件如下所示:

"GROUP","TRAN"　//

"HEADING","TRAN_ISNO","TRAN_DATE","TRAN_PROD","TRAN_STAT","TRAN_DESC","TRAN_AGS","TRAN_RECV","TRAN_DLIM","TRAN_RCON","FILE_FSET"　//

"UNIT","","yyyy-mm-dd","","","","","","","",""　//

"TYPE","X","DT","X","X","X","X","X","X","X","X"　//

"DATA","1","2018 - 05 - 28","—","Draft","IS3 data file of Ming-tangshan Tunnel","4.0","—","|","+",""

TRAN 数据传输数据组信息在数据库中的存储如图 8-5 所示。

PROJ_ID	TRAN_ISNO	TRAN_DATE	TRAN_PROD	TRAN_STAT	TRAN_DESC
<UNITS>		yyyy-mm-dd			
TYPE	X	DT	X	X	X
AHMTS	1	2018-05-28	-	Draft	IS3 data file of Mingtangshan Tunnel
		TRAN_AGS	TRAN_RECV	TRAN_DLIM	TRAN_RCON
		X	X	X	X
		4	-			+

图 8-5　TRAN 数据传输数据库显示

8.2.2　现场测试 LOCA 数据组

该数据组主要存储在现场测试时地点相关信息,本节对 LOCA 地点数据组表头的定义如表 8-5 所示:

表8-5 LOCA地点信息数据组表头的定义

表头标题	建议单位/数据类型		描述
LOCA_ID		ID	Location Identifier 位置标识符
LOCA_TYPE		PA	Type of Activity 活动类型
LOCA_GL	m	2DP	Ground Level Relative to Datum of Location or Start of Traverse 孔口标高
LOCA_REM		X	General Remarks 备注
LOCA_FDEP	m	2DP	Final Depth 末端深度
LOCA_STAR	yyyy-mm-dd	DT	Date of Start of Activity 活动开始日期
LOCA_ENDD	yyyy-mm-dd	DT	End Date of Activity 活动结束日期
LOCA_LOCX	m	2DP	Local Grid X Co-ordinate or Start of Traverse X 坐标
LOCA_LOCY	m	2DP	Local Grid Y Co-ordinate or Start of Traverse Y 坐标
LOCA_LOCZ	m	2DP	Level or Start of Traverse to Local Datum Z 坐标
LOCA_LOCM		X	Method of Location 定位方法
LOCA_LOCA		X	Site Location Sub-division(Within Project) Code or Description 区间编号
LOCA_CNGE		X	Chainage 里程
FILE_FSET		X	Associated File Reference 相关文件

针对某一特定工程(例如安徽明堂山隧道),LOCA 地点信息数据组储存为 AGS 格式文件如下所示:

"GROUP","LOCA" //

"HEADING","LOCA_ID","LOCA_TYPE","LOCA_GL","LOCA_REM","LOCA_FDEP","LOCA_STAR","LOCA_ENDD","LOCA_LOCX","LOCA_LOCY","LOCA_LOCZ","LOCA_LOCM","LOCA_LOCA","LOCA_CNGE","FILE_FSET" //

"UNIT","","","m","","m","yyyy-mm-dd","yyyy-mm-dd","m","m","m","","","","" //

"TYPE","ID","PA","2DP","X","2DP","DT","DT","2DP","2DP","2DP","X","X","X","X" //

"DATA","0306001","IP","2.71","—","—32.59","2018-01-01","2018-01-02","1200.55","1135.28","1225.32","—","SECTION18","23100","" //

"DATA","0306002","IP","3.71","—","—42.59","2018-01-02","2018-01-03","1300.55","1135.28","1245.32","—","SECTION18",

"23120","" //

    "*DATA*","0306003","*IP*","4. 71","－","－52. 59","2018－01－02",
"2018－01－03","1320. 55","1134. 28","1225. 32","－","*SECTION*18",
"23130","" //

    "*DATA*","0306004","*IP*","5. 71","－","－62. 59","2018－01－03",
"2018－01－04","1400. 55","1235. 28","1345. 32","－","*SECTION*18",
"23220","" //

    "*DATA*","0306005","*TP*","3. 21","－","－52. 59","2018－01－02",
"2018－01－03","2100. 55","1135. 28","1245. 32","－","*SECTION*18",
"23220","" //

    "*DATA*","0306006","*TP*","4. 21","－","－12. 59","2018－01－04",
"2018－01－04","1100. 55","1035. 28","1145. 32","－","*SECTION*18",
"23240","" //

    "*DATA*","0306007","*TP*","6. 23","－","－90. 21","2018－01－04",
"2018－01－05","2130. 55","1133. 28","1265. 32","－","*SECTION*18",
"23250","" //

    "*DATA*","0306008","*TP*","1. 21","－","－32. 59","2018－01－04",
"2018－01－05","1100. 55","1135. 28","1245. 32","－","*SECTION*18",
"21000",""

    "*DATA*","0306009","*TP*","3. 11","－","－42. 59","2018－01－05",
"2018－01－09","2100. 05","1035. 28","1345. 32","－","*SECTION*18",
"23120","" //

    "*DATA*","0306010","*IP*","6. 71","－","－92. 59","2018－01－05",
"2018－01－06","1120. 55","134. 28","1225. 32","－","*SECTION*18",
"23140","" //

    "*DATA*","0306011","*IP*","0. 71","－","－52. 59","2018－01－06",
"2018－01－06","1300. 55","2235. 28","1345. 32","－","*SECTION*18",
"23120","" //

    "*DATA*","0306012","*IP*","4. 71","－","－42. 59","2018－01－08",
"2018－01－09","1320. 55","1134. 28","1225. 32","－","*SECTION*18",
"23130","" //

    "*DATA*","0306013","*IP*","5. 71","－","－62. 59","2018－01－03",
"2018－01－04","1490. 55","1235. 28","1345. 32","－","*SECTION*18",
"23220",""

    "*DATA*","0306014","*TP*","6. 78","－","－52. 59","2018－01－07",
"2018－01－10","1020. 55","1134. 28","1225. 32","－","*SECTION*18",
"23030","" //

    "*DATA*","0306015","*TP*","4. 72","－","－92. 59","2018－01－09",

"2018- 01 - 11","1400. 55","1235. 98","1345. 32"," － ","$SECTION$18",
"21110",""   //

　　"$DATA$","0306016","IP","0. 71"," － "," － 42. 00","2018 - 01 - 11",
"2018- 01 - 13","1300. 55","1135. 28","1245. 32"," － ","$SECTION$18",
"22120",""   //

　　LOCA 地点信息数据组信息在数据库中的存储如图 8－6 所示。

PROJ_ID	LOCA_ID	LOCA_TYPE	LOCA_GL	LOCA_REM	LOCA_FDEP	LOCA_STAR	LOCA_ENDD
<UNITS>			m		m	yyyy-mm-dd	yyyy-mm-dd
TYPE	ID	PA	2DP	X	2DP	DT	DT
AHMTS	0306001	IP	2.71	-	-32.59	2018-01-01	2018-01-02
	0306002	IP	3.71	-	-42.59	2018-01-02	2018-01-03
	0306003	IP	4.71	-	-52.59	2018-01-02	2018-01-03
	0306004	IP	5.71	-	-62.59	2018-01-03	2018-01-04
	0306005	TP	3.21	-	-52.59	2018-01-02	2018-01-03
	0306006	TP	4.21	-	-12.59	2018-01-04	2018-01-04
	0306007	TP	6.23	-	-90.21	2018-01-04	2018-01-05
	0306008	TP	1.21	-	-32.59	2018-01-04	2018-01-05
	0306009	TP	3.11	-	-42.59	2018-01-05	2018-01-09
	0306010	IP	6.71	-	-92.59	2018-01-05	2018-01-06
	0306011	IP	0.71	-	-52.59	2018-01-06	2018-01-06
	0306012	IP	4.71	-	-42.59	2018-01-08	2018-01-09
	0306013	IP	5.71	-	-62.59	2018-01-03	2018-01-04
	0306014	TP	6.78	-	-52.59	2018-01-07	2018-01-10
	0306015	TP	4.72	-	-92.59	2018-01-09	2018-01-11
	0306016	IP	0.71	-	-42.00	2018-01-11	2018-01-13

LOCA_LOCX	LOCA_LCOY	LOCA_LOCZ	LOCA_LOCM	LOCA_LOCA	LOCA_GNGE
m	m	m			
2DP	2DP	2DP	X	X	X
1200.55	1135.28	1225.32	-	SECTION18	23100
1300.55	1135.28	1245.32	-	SECTION18	23120
1320.55	1134.28	1225.32	-	SECTION18	13130
1400.55	1235.28	1345.32	-	SECTION18	23220
2100.55	1135.28	1245.32	-	SECTION18	23220
1100.55	1035.28	1145.32	-	SECTION18	23240
2130.55	1133.28	1265.32	-	SECTION18	23250
1100.55	1135.28	1245.32	-	SECTION18	21000
2100.55	1035.28	1345.32	-	SECTION18	23120
1120.55	1134.28	1225.32	-	SECTION18	23140
1300.55	2235.28	134532	-	SECTION18	23120
1320.55	1134.28	1225.32	-	SECTION18	23130
1490.55	1235.28	1345.32	-	SECTION18	23220
1020.55	1134.28	1225.32	-	SECTION18	23030
1400.55	1235.95	1345.32	-	SECTION18	21110
1300.55	1135.28	1245.32	-	SECTION18	22120

图 8－6   LOCA 地点组数据库显示

8.3 岩体强度参数现场测试数据标准化

本章在 AGS 标准的基础上制定出广义三维非线性岩体强度参数现场测试的数据标准,并建立相应的岩体强度参数数据库,对各个参数的标准化实现过程作详细的说明。

8.3.1 单轴抗压强度数据组

1)单轴压缩试验

单轴抗压强度通过单轴压缩试验得到,因此其数据组应该包含单轴压缩样本信息、试验方法、试验操作者等信息。本节对通过单轴压缩试验得到单轴抗压强度的数据组的表头的定义如表 8-6。

表 8-6　单轴抗压强度数据组表头的定义(单轴压缩试验)

表头标题	建议单位/数据类型		描述
LOCA_ID		ID	Location Identifier 位置标识符
SAMP_TOP	m	2DP	Depth to Top of Sample 取样顶标高
SAMP_REF		X	Sample Reference 样本号
SAMP_TYPE		PA	Sample Type 样本类型
SAMP_ID		ID	Sample Unique Global Identifier 样本 ID
SPEC_REF		X	Specimen Reference 试样号
SPEC_DPTH	m	2DP	Depth to Top of Test Specimen 试样深度
RUCS_SDIA	mm	1DP	Specimen Diameter 试样直径
RUCS_SLEN	mm	1DP	Side Length 边长
RUCS_HEI	mm	1DP	Specimen Height 试样高度
RUCS_MC	%	1DP	Water Content of Specimen Tested 试件含水率
RUCS_COND		X	Condition of Specimen as Tested 试件状态(饱和或干燥等)
RUCS_LDIR		X	Load Direction 受力方向
RUCS_DURN	mm:ss	T	Test Duration 试验持续时间
RUCS_STRA	MPa/s	1DP	Stress Rate 加载速率
RUCS_UCS	MPa	3SF	Uniaxial Compressive Strength 单轴压缩强度
RUCS_FDES		X	Failure Description 破坏描述
RUCS_MACH		X	Type of Testing Machine 试验仪器型号

表头标题	建议单位/数据类型	描述
RUCS_METH	X	Test Method 试验方法
RUCS_OPER	X	Test Operator 试验操作者
FILE_FSET	X	Associated File Reference 相关文件

注:表中加粗表头为自定义表头,需要在 DICT 自定义数据组中进行定义说明。

针对某一特定工程(例如安徽明堂山隧道),单轴抗压强度(单轴压缩试验)数据组储存为 AGS 格式文件如下所示:

"GROUP","RUCS" //

"HEADING","LOCA_ID","SAMP_TOP","SAMP_REF","SAMP_TYPE","SAMP_ID","SPEC_REF","SPEC_DPTH","RUCS_SDIA","RUCS_SLEN","RUCS_HEI","RUCS_MC","RUCS_COND","RUCS_LDIR","RUCS_DURN","RUCS_STRA","RUCS_UCS","RUCS_FDES","RUCS_MACH","RUCS_METH","RUCS_OPER","FILE_FSET" //

"UNIT","","m","","","","","m","mm","mm","mm","%","","","mm:ss","MPa/s","MPa","","","","","" //

"TYPE","ID","2DP","X","PA","ID","X","2DP","1DP","1DP","1DP","1DP","X","X","T","1DP","3SF","X","X","X","X","X" //

"DATA","0306001","5.00","239","U","001","","","50.2","","100.0","30.2","Dry","Vertical","20:36","0.6","30.2","Conical damage","DZ2011","GB2013","HuangRui","FS002" //

单轴抗压强度(单轴压缩试验)数据组信息在数据库中的存储如图 8-7 所示。

PROJ_ID	LOCA_ID	SAMP_TOP	SAMP_REF	SAMP_TYPE	SAMP_ID	SAMP_REF	SAMP_DPTH	RUCS_SDIA	RUCS_MC	RUCS_COND
<UNITS>		m					m	mm	%	
TYPE	ID	2DP	X	PA	ID	X	2DP	1DP	1DP	X
AHMTS	0306001	5.00	238	U	001	-	-	50.2	30.2	Dry
	RUCS_DURN	RUCS_STRA	RUCS_UCS	RUCS_MACH	RUCS_METH	FILE_FSET	RUCS_HEI	RUCS_LDIR	RUCS_FDES	RUCS_OPER
	mm:ss	MPa/s	MPa				mm			
	T	1DP	3SF	X	X	X	1DP	X	X	X
	20:36	0.6	30.2	DZ2011	GB2013	FS002	100	Vertical	Conical damage	HuangRui

图 8-7 单轴抗压强度(单轴压缩试验)数据库显示

2)点荷载强度试验

单轴抗压强度通过点荷载强度拟合得到,而点荷载强度则通过点荷载强度试验获得,因此该数据组应该包含点荷载样本信息、试验方法、试验操作者等信息。本节对通过点荷载强度试验拟合得到单轴抗压强度的数据组的表头的定义如表 8-7。

表 8 - 7　单轴抗压强度数据组表头的定义(点荷载强度试验)

表头标题	建议单位	/数据类型	描述
\multicolumn 4 Group Name：RPLT-Point Load Testing 点荷载强度测试			
LOCA_ID		ID	Location Identifier 位置标识符
SAMP_TOP	m	2DP	Depth to Top of Sample 取样顶标高
SAMP_REF		X	Sample Reference 样本号
SAMP_TYPE		PA	Sample Type 样本类型
SAMP_ID		ID	Sample Unique Global Identifier 样本 ID
SPEC_REF		X	Specimen Reference 试样号
SPEC_DPTH	m	2DP	Depth to Top of Test Specimen 试样深度
RPLT_EDIA	mm	1DP	Equivalent Diameter 等效直径
RPLT_MC	%	1DP	Water Content of Specimen Tested 试件含水率
RPLT_COND		X	Condition of Specimen as Tested 试件状态(饱和或干燥等)
RPLT_PLTF		PA	Point Load Test Type 试验形式(轴向或径向)
RPLT_DURN	mm:ss	T	Test Duration 试验持续时间
RPLT_PLS	MPa	1DP	Uncorrected Point Load 未修正点荷载强度
RPLT_PLSI	MPa	1DP	Size Corrected Point Load Index(Is 50)修正点荷载强度
RPLT_RUCS	MPa	3SF	Rock Uniaxial Compressive Strength 岩体单轴压缩强度
RPLT_FDES		X	Failure Description 破坏描述
RPLT_MACH		X	Type of Testing Machine 试验仪器型号
RPLT_METH		X	Test Method 试验方法
RPLT_OPER		X	Test Operator 试验操作者
FILE_FSET		X	Associated File Reference 相关文件

注:表中加粗表头为自定义表头,需要在 DICT 自定义数据组中进行定义说明。

针对某一特定工程(例如安徽明堂山隧道),单轴抗压强度(点荷载强度试验)数据组储存为 AGS 格式文件如下所示:

"GROUP","RPLT" //

"HEADING","LOCA_ID","SAMP_TOP","SAMP_REF","SAMP_ TYPE","SAMP_ID","SPEC_REF","SPEC_DPTH","RPLT_EDIA", "RPLT_MC","RPLT_COND","RPLT_PLTF","RPLT_DURN","RPLT_ PLS","RPLT_PLSI","RPLT_RUCS","RPLT_FDES","RPLT_MACH", "RPLT_METH","RPLT_OPER","FILE_FSET" //

"UNIT",""," m","","","",""," m"," mm ","%","",""," mm:ss ", "MPa","MPa","MPa","","","","","" //

"TYPE","ID","2DP","X","PA","ID","X","2DP","1DP","1DP",

"X","PA","T","1DP","1DP","3SF","X","X","X","X","X"　//
　　"DATA","0306002","5.10","240","U","002","","","30.2","30.2",
"Dry","Z","20：30","30.2","20.3","40.2","Splitting failure",
"DHZ2013","GB2013","HuangRui","FS003"　//

单轴抗压强度(点荷载强度试验)数据组信息在数据库中的存储如图8-8所示。

PROJ_ID	LOCA_ID	SAMP_TOP	SAMP_REF	SAMP_TYPE	SAMP_ID	SAMP_REF	SAMP_DPTH	RUCS_PLS	RUCS_PLST	RUCS_PLTF
<UNITS>		m					m	MPa	MPa	
TYPE	ID	2DP	X	PA	ID	X	2DP	1DP	1DP	PA
AHMTS	0306002	5.10	240	U	002	-	-	30.2	20.3	Z
	RPLT_MC	RPLT_METH	FILE_FSET	RPLT_EDIA	RPLT_COND	RPLT_DUR	RPLT_RUCS	RPLT_FDES	RPLT_MACH	RPLT_OPER
	%			mm			MPa			
	1DP	X	X	1DP	X	T	3SF	X	X	X
	30.2	GB2013	FS003	30.2	Dry	20:30	40.2	Splitting	DHZ2013	HuangRui

图8-8　单轴抗压强度(点荷载强度试验)数据库显示

8.3.2　m_i 数据组

1) 查表法

岩石参数 m_i 通过查表法得出来时,该数据组应该包含样本信息、试样深度、岩石的质地等。本节对通过查表法得出岩石参数的数据组的表头的定义如表8-8所示:

表8-8　m_i(查表法)数据组表头的定义

表头标题	建议单位/数据类型		描述
LOCA_ID		ID	Location Identifier 位置标识符
SAMP_TOP	m	2DP	Depth to Top of Sample 取样顶标高
SAMP_REF		X	Sample Reference 样本号
SAMP_TYPE		PA	Sample Type 样本类型
SAMP_ATTR		PA	Sample Attribute 样本属性
SAMP_ID		ID	Sample Unique Global Identifier 样本ID
SPEC_REF		X	Specimen Reference 试样号
SPEC_DPTH	m	2DP	Depth to Top of Test Specimen 试样深度
RHDC_WETR		YN	Wether Trashy 岩石是否破碎
RHDC_JTDE		X	Joint Degree 节理化程度
RHDC_TEX		X	Rock Texture 岩石质地
RHDC_ANG	°	1DP	Angle of Joint Plane 节理面角度
FILE_FSET		X	Associated File Reference 相关文件

注:表中加粗组名为自定义组,需要在DICT自定义数据组中进行定义说明。

针对某一特定工程(例如安徽明堂山隧道),岩石参数(查表法)数据组储存为AGS

格式文件如下所示：

$"GROUP","RHDC"$ //

$"HEADING","LOCA\_ID","SAMP\_TOP","SAMP\_REF","SAMP\_$
$TYPE","SAMP\_ATTR","SAMP\_ID","SPEC\_REF","SPEC\_DPTH","$
$RHDC\_WETR","RHDC\_JTDE","RHDC\_TEX","RHDC\_ANG","FILE\_$
$FSET"$ //

$"UNIT","","m","","","","","","m","","","","\degree",""$ //

$"TYPE","ID","2DP","X","PA","PA","ID","X","2DP","YN",$
$"X","X","1DP","X"$ //

$"DATA","0306003","5.20","241","U","C","003","","","Y",$
$"Slight","Rough","13.2","FS004"$ //

岩石参数 m_i（(查表法)数据组信息在数据库中的存储如图 8-9 所示。

PROJ_ID	LOCA_ID	SAMP_TOP	SAMP_REF	SAMP_TYPE	SAMP_ATTR	SAMP_ID	RHDC_WETR
<UNITS>		m					
TYPE	ID	2DP	X	PA	PA	ID	YN
AHMTS	0306003	5.20	241	U	C	003	Y
	RHDC_JTDE	RHDC_TEX	RHDC_ANG	FILE_FSET			
	X	X	1DP	X			
	Slight	Rough	13.2	FS004			

图 8-9　岩石软硬程度参数 m_i（查表法）数据库显示

2）三轴压缩试验拟合法

通过三轴压缩试验拟合求得岩石参数 m_i 时，该数据组应该包含样本信息、试样信息、试验方法和试验操作等。本节对通过三轴压缩试验拟合法得出岩石参数的数据组的表头的定义如表 8-9 所示：

表 8-9　岩石参数 m_i（三轴压缩试验法）数据组表头的定义

表头标题	建议单位/数据类型		描述
LOCA_ID		ID	Location Identifier 位置标识符
SAMP_TOP	m	2DP	Depth to Top of Sample 取样顶标高
SAMP_REF		X	Sample Reference 样本号
SAMP_TYPE		PA	Sample Type 样本类型
SAMP_ID		ID	Sample Unique Global Identifier 样本 ID
SPEC_REF		X	Specimen Reference 试样号

表头标题	建议单位/数据类型		描述
SPEC_DPTH	m	2DP	Depth to Top of Test Specimen 试样深度
RHDT_SDIA	mm	1DP	Specimen Diameter 试样直径
RHDT_HEI	mm	1DP	Specimen Height 试样高度
RHDT_MC	%	1DP	Water Content of Specimen Tested 试件含水率
RHDT_COND		X	Condition of Specimen as Tested 试件状态（饱和或干燥等）
RHDT_LDIR		X	Load Direction 受力方向
RHDT_DURN	mm:ss	T	Test Duration 试验持续时间
RHDT_STRA	MPa/s	1DP	Stress Rate 加载速率
RHDT_TCS	MPa	3SF	Triaxial Compressive Strength 三轴压缩强度
RHDT_FDES		X	Failure Description 破坏描述
RHDT_ANG	°	1DP	Angle of Joint Plane 节理面角度
RHDT_MACH		X	Type of Testing Machine 试验仪器型号
RHDT_METH		X	Test Method 试验方法
RHDT_OPER		X	Test Operator 试验操作者
FILE_FSET		X	Associated File Reference 相关文件

注：表中加粗组名为自定义组，需要在 DICT 自定义数据组中进行定义说明。

针对某一特定工程（例如安徽明堂山隧道），岩石参数（三轴压缩试验法）数据组储存为 AGS 格式文件如下所示：

"GROUP","RHDT"　//

"HEADING","LOCA_ID","SAMP_TOP","SAMP_REF","SAMP_ TYPE","SAMP_ID","SPEC_REF","SPEC_DPTH","RHDT_SDIA", "RHDT_HEI","RHDT_MC","RHDT_COND","RHDT_LDIR","RHDT_ DURN","RHDT_STRA","RHDT_TCS","RHDT_FDES","RHDT_ ANG","RHDT_MACH","RHDT_METH","RHDT_OPER","FILE_ FSET"　//

"UNIT","","m","","","","","m","mm","mm","%","","","mm: ss","MPa/s","MPa","","°","",

"","",""　//

"TYPE","ID","2DP","X","PA","ID","X","2DP","1DP","1DP", "1DP","X","X","T","1DP","3SF","X","1DP","X","X","X","X"　//

"DATA","0306004","5.30","242","U","004","","","50.0","100.0", "30.2","Dry","Vertical","20:32","0.5","40.0","Shear failure","12.5",

"SZ2011","GB2013","*Huang Rui*","FS005" //

岩石参数（三轴压缩试验法）数据组信息在数据库中的存储如图 8-10 所示。

PROJ_ID	LOCA_ID	SAMP_TOP	SAMP_REF	SAMP_TYPE	SAMP_ID	RHDT_SDIA	RHDT_HEI	RHDT_MC	RHDT_COND	RHDT_LDIR
<UNITS>		m				mm	mm	%		
TYPE	ID	2DP	X	PA	ID	1DP	1DP	1DP	X	X
AHMTS	0306004	5.30	242	U	004	50.0	100.0	30.2	Dry	Vertical
	RHDT_DURN	RHDT_STRA	RHDT_TCS	RHDT_FDES	RHDT_ANG	RHDT_MACH	RHDT_METH	RHDT_OPER	FILE_FSET	
	mm:ss	MPa/s	MPa							
	T	1DP	3SF	X	1DP	X	X	X	X	
	20:30	0.5	40.0	Shear failure	12.5	SZ2011	GB2013	HuangRui	FS006	

图 8-10 岩石参数 m_i（三轴压缩试验法）数据库显示

8.3.3 爆破与应力释放影响系数 D 数据组

对于某些采取爆破的工程，在一定的爆破条件下需要考虑爆破影响与应力释放。本节对爆破与应力释放影响系数的数据组的表头的定义如表 8-10 所示：

表 8-10 爆破与应力释放影响系数 D 数据组表头的定义

表头标题	建议单位/数据类型		描述
LOCA_ID		ID	Location Identifier 位置标识符
RBSR_DPTH	m	2DP	Depth to Blasting and Stress Releasing 爆破与应力释放深度
RBSR_COH	kPa	0DP	Cohesive Force 黏聚力
RBSR_IFA	°	1DP	Internal Frictional Angle 内摩擦角
RBSR_DES		X	Description of Rock 岩体描述
FILE_FSET		X	Associated File Reference 相关文件

注：表中加粗组名为自定义组，需要在 DICT 自定义数据组中进行定义说明。

针对某一特定工程（例如安徽明堂山隧道），爆破与应力释放影响系数 D 数据组储存为 AGS 格式文件如下所示：

"GROUP","RBSR" //

"HEADING","LOCA_ID","RBSR_DPTH","RBSR_COH","RBSR_IFA","RBSR_DES","FILE_FSET" //

"UNIT","","m","kPa","°","","" //

"TYPE","ID","2DP","0DP","1DP","X","X" //

" DATA "," 0306005 "," 5.40 "," 30 "," 13.7 "," *Good explosion* ","FS006" //

爆破与应力释放影响系数 D 数据组信息在数据库中的存储如图 8-11 所示。

PROJ_ID	LOCA_ID	RBSR_DPTH	RBSR_COH	RBSR_IFA	RBSR_DES	FILE_FSET
<UNITS>		m	kPa	°		
TYPE	ID	2DP	0DP	1DP	X	X
AHMTS	0306005	5.40	30	13.7	Good explosion	FS006

图 8-11　爆破与应力释放影响系数 *D* 数据库显示

8.3.4　地质强度指标 GSI 数据组

地质强度指标 GSI 是基于岩体的结构面所确定的一个参数,它主要由岩体的结构等级和结构面的表面条件等级决定,而岩体的表面条件等级由结构面的风化程度、粗糙度和充填物等级决定。

1) 岩体结构等级

(1) 查表法

通过查表法判定岩体的结构等级时,该数据组应该包含岩体的结构面倾角、岩体的结构面倾向角和岩体的描述等。本节对通过查表法判定岩体结构等级的数据组的表头的定义如表 8-11 所示。

表 8-11　岩石结构等级(查表法)数据组表头的定义

表头标题	建议单位/数据类型		描述
LOCA_ID		ID	Location Identifier 位置标识符
STRP_ID		ID	Structural Plane Identifier 结构面标识符
STRP_DIAN	°	1DP	Dip Angle of Structural Plane 结构面倾角
STRP_DDAN	°	1DP	Dip Direction Angle of Structural Plane 结构面倾向角
RSLC_DPTH	m	2DP	Depth to Rock to Be Observed 待观测岩体所处深度
RSLC_DES		X	Description of Rock 岩体描述
RSLC_SLC		PA	Rock Structure Level 岩石结构等级
FILE_FSET		X	Associated File Reference 相关文件

注:表中加粗组名为自定义组,需要在 DICT 自定义数据组中进行定义说明。

针对某一特定工程(例如安徽明堂山隧道),岩体结构等级(查表法)数据组储存为 AGS 格式文件如下所示:

"GROUP","RSLC"　//

"HEADING","LOCA_ID","STRP_ID","STRP_DIAN","STRP_DDAN","RSLC_DPTH","RSLC_DES","RSLC_SLC","FILE_FSET"　//

"UNIT","","","°","°","m","","",""　//

"TYPE","ID","ID","1DP","1DP","2DP","X","PA","X"　//

"DATA","0306006","1","15.2","35.7","5.50","Very interlock",

"*I*","*FS*007" //

岩石结构等级(查表法)数据组信息在数据库中的存储如图 8－12 所示。

PROJ_ID	LOCA_ID	STRP_ID	STRP_DIAN	STRP_DDAN	RSLC_DPTH	RSLC_DES	RSLC_SLC	FILE_FSET
<UNITS>			°	°	m			
TYPE	ID	ID	1DP	1DP	2DP	X	PA	X
AHMTS	0306006	1	15.2	35.7	5.50	Very interlock	I	FS007

图 8－12　岩体结构等级(查表法)数据库显示

（2）RBI 法

RBI(岩体的块度指数)法通过钻孔取岩芯,然后根据各个长度岩芯的完整度来判定岩体的结构等级。该数据组应该包含岩芯的长度、岩芯的完整度等。本节对通过 RBI 法判定岩体结构等级的数据组的表头的定义如表 8－12 所示:

表 8－12　岩体结构等级(RBI 法)数据组表头的定义

表头标题	建议单位/数据类型		描述
LOCA_ID		ID	Location Identifier 位置标识符
RSLR_LEDC	m	1DP	Length of Drilled Core 钻孔岩芯长度
RSLR_IPDC	%	0DP	Integrity Percentage of Drilled Core 钻孔岩芯完整度百分比
RSLR_SLC		PA	Rock Structure Level 岩石结构等级
FILE_FSET		X	Associated File Reference 相关文件

注:表中加粗组名为自定义组,需要在 DICT 自定义数据组中进行定义说明。

针对某一特定工程(例如安徽明堂山隧道),岩体结构等级(RBI 法)数据组储存为 AGS 格式文件如下所示:

"*GROUP*","*RSLR*" //

"*HEADING*","*LOCA_ID*","*RSLR_LEDC*","*RSLR_IPDC*","*RSLR_SLC*","*FILE_FSET*" //

"*UNIT*","","*m*","*%*","","" //

"*TYPE*","*ID*","1*DP*","0*DP*","*PA*","*X*" //

"*DATA*","0306007","5.4","5","*I*","*FS*008" //

岩体结构等级(RBI 法)数据组信息在数据库中的存储如图 8－13 所示。

PROJ_ID	LOCA_ID	RSLR_LEDC	RSLR_IPDC	RSLR_SLC	FILE_FSET
<UNITS>		m	%		
TYPE	ID	1DP	0DP	PA	X
AHMTS	0306007	5.4	5	I	FS008

图 8－13　岩体结构等级(RBI 法)数据库显示

（3）不连续面间距法

不连续面间距法通过测量岩石不连续面之间的间距来判定岩体的结构等级。该数据组应该包含岩体的不连续面倾角、岩体的不连续面倾向角和岩石的结构面组数等。本节对通过不连续面间距法判定岩石结构等级的数据组的表头的定义如表8－13所示：

表 8－13　岩石结构等级（不连续面间距法）数据组表头的定义

表头标题	建议单位/数据类型		描述
LOCA_ID		ID	Location Identifier 位置标识符
STRP_ID		ID	Structural Plane Identifier 结构面标识符
STRP_DIAN	°	1DP	Dip Angle of Structural Plane 结构面倾角
STRP_DDAN	°	1DP	Dip Direction Angle of Structural Plane 结构面倾向角
RSLS_DPTH	m	2DP	Depth to Joint Plane 结构面深度
RSLS_NMSP		0DP	Number of Main Structual Plane 主要结构面数量
RSLS_AVES	m	1DP	Average Spacing 平均间距
RSLS_TMSP		X	Type of Main Structual Plane 主要结构面类型
RSLS_DSPC		PA	Degree of Structual Plane Combination 结合面结合程度
RSLS_SLC		PA	Rock Structure Level 岩石结构等级
FILE_FSET		X	Associated File Reference 相关文件

注：表中加粗组名为自定义组，需要在 DICT 自定义数据组中进行定义说明。

针对某一特定工程（例如安徽明堂山隧道），岩石结构等级（结构面间距法）数据组储存为 AGS 格式文件如下所示：

"GROUP","RSLS"　//

"HEADING","LOCA_ID","STRP_ID","STRP_DIAN","STRP_DDAN","RSLS_DPTH","RSLS_NMSP","RSLS_AVES","RSLS_TMSP","RSLS_DSPC","RSLS_SLC","FILE_FSET"　//

"UNIT","","","°","°","m","","m","","","",""　//

"TYPE","ID","ID","1DP","1DP","2DP","0DP","1DP","X","PA","PA","X"　//

"DATA","0306008","2","25.2","45.7","5.60","2","0.7","Crack","A","I","FS009"　//

岩体结构等级（不连续面间距法）数据组信息在数据库中的存储如图8－14所示。

PROJ_ID	LOCA_ID	STRP_ID	STRP_DIAN	STRP_DDAN	RSLS_DPTH	RSLS_NMSP
<UNITS>			°	°	m	
TYPE	ID	ID	1DP	1DP	2DP	0DP
AHMTS	0306008	2	25.2	45.7	5.60	2

	RSLS_AVES	RSLS_TMSP	RSLS_DSPC	RSLS_SLC	FILE_FSET	
	m					
	1DP	X	PA	PA	X	
	0.7	Crack	A	I	FS009	

图 8 - 14　岩体结构等级(结构面间距法)数据库显示

（4）波速测定法

波速测定法通过测算压缩波在岩块、岩体中的速度,然后根据完整度系数(两种速度的比值的平方即为完整度系数)对岩石的结构等级进行分类。该数据组应该包含岩石的压缩波速和岩体的压缩波速。本节对通过波速测定法法判定岩石结构等级的数据组的表头的定义如表 8 - 14 所示:

表 8 - 14　岩体结构等级(波速测定法)数据组表头的定义

表头标题	建议单位/数据类型		描述
LOCA_ID		ID	Location Identifier 位置标识符
SAMP_TOP	m	2DP	Depth to Top of Sample 取样顶标高
SAMP_REF		X	Sample Reference 样本号
SAMP_TYPE		PA	Sample Type 样本类型
SAMP_ID		ID	Sample Unique Global Identifier 样本 ID
RSLM_SWV	m/s	1DP	Sample Wave Velocity 样本波速
RSLM_RWV	m/s	1DP	Rock Wave Velocity 岩体波速
RSLM_RIM		2DP	Rock Integrity Modulus 岩体完整度系数
RSLM_SLC		PA	Rock Structure Level 岩体结构等级
FILE_FSET		X	Associated File Reference 相关文件

注:表中加粗组名为自定义组,需要在 DICT 自定义数据组中进行定义说明。

针对某一特定工程(例如安徽明堂山隧道),岩体结构等级(波速测定法)数据组储存为 AGS 格式文件如下所示:

$"GROUP","RSLM"$　//

$"HEADING","LOCA\_ID","SAMP\_TOP","SAMP\_REF","SAMP\_$

$TYPE","SAMP\_ID","RSLM\_SWV","RSLM\_RWV","RSLM\_RIM",$

$"RSLM\_SLC","FILE\_FSET"$　//

$"UNIT","","m","","","","m/s","m/s","","",""$　//

$"TYPE"," ID"," 2DP"," X"," PA"," ID"," 1DP"," 1DP"," 2DP",$
$"PA"," X" \quad //$

$\quad "DATA","0306009","5.70","243","U","005","4.5","2.5","0.75",$
$"B"," FS010" \quad //$

岩体结构等级（波速测定法）数据组信息在数据库中的存储如图 8-15 所示。

PROJ_ID	LOCA_ID	SAMP_TOP	SAMP_REF	SAMP_TYPE	SAMP_ID
<UNITS>		m			
TYPE	ID	2DP	X	PA	ID
AHMTS	0306009	5.70	243	U	005
	RSLM_SWV	RSLM_RWV	RSLM_RIM	RSLM_SLC	FILE_FSET
	m/s	m/s			
	1DP	1DP	2DP	PA	X
	4.5	2.5	0.75	B	FS010

图 8-15　岩体结构等级（波速测定法）数据库显示

（5）不连续面分布率法

不连续面分布率法通过测算岩体的不连续面的分布率来判定岩石的结构等级，因此该数据组应该包含岩体的不连续面倾角、倾向角等。本节对通过不连续面分布率法判定岩石结构等级的数据组的表头的定义如表 8-15 所示：

表 8-15　岩体结构等级（不连续面分布率法）数据组表头的定义

表头标题	建议单位/数据类型		描述
LOCA_ID		ID	Location Identifier 位置标识符
STRP_ID		ID	Structural Plane Identifier 结构面标识符
STRP_DIAN	°	1DP	Dip Angle of Structural Plane 结构面倾角
STRP_DDAN	°	1DP	Dip Direction Angle of Structural Plane 结构面倾向角
RSLD_RATE	面/m³	1DP	Rate of Discontinuity 不连续面分布率
RSLD_SLC		PA	Rock Structure Level 岩体结构等级
FILE_FSET		X	Associated File Reference 相关文件

注：表中加粗组名为自定义组，需要在 DICT 自定义数据组中进行定义说明。

针对某一特定工程（例如安徽明堂山隧道），岩体结构等级（不连续面分布率法）数据组储存为 AGS 格式文件如下所示：

$"GROUP"," RSLD" \quad //$

$"HEADING"," LOCA\_ID"," STRP\_ID"," STRP\_DIAN"," STRP\_$
$DDAN"," RSLD\_RATE"," RSLD\_SLC"," FILE\_FSET" \quad //$

$"UNIT"," "," "," °"," °"," mian/m3"," "," " \quad //$

$"TYPE","ID","ID","1DP","1DP","1DP","PA","X"$　　//

$"DATA","0306010","3","35.2","45.7","2.1","B","FS011"$　　//

岩体结构等级(不连续面分布率法)数据组信息在数据库中的存储如图8－16所示。

PROJ_ID	LOCA_ID	STRP_ID	STRP_DIAN	STRP_DDAN	RSLD_RATE	RSLD_SLC	FILE_FSET
\<UNITS\>			°	°	mian/m³		
TYPE	ID	ID	1DP	1DP	1DP	PA	X
AHMTS	0306010	3	35.2	45.7	2.1	B	FS011

图8－16　岩体结构等级(不连续面分布率法)数据库显示

2) 岩体不连续面风化程度

(1) 查表法

通过查表法判定岩体不连续面的风化程度,该数据组应该包含岩体不连续面倾角、倾向角、风化区域深度等。本节对通过查表法判定岩体不连续面风化程度的数据组的表头的定义如表8－16所示:

表8－16　岩石风化程度(查表法)数据组表头的定义

表头标题	建议单位/数据类型		描述
LOCA_ID		ID	Location Identifier 位置标识符
STRP_ID		ID	Structural Plane Identifier 结构面标识符
STRP_DIAN	°	1DP	Dip Angle of Structural Plane 结构面倾角
STRP_DDAN	°	1DP	Dip Direction Angle of Structural Plane 结构面倾向角
RSWC_WETP	m	2DP	Depth to Top of Weathering Subdivision 风化区域的深度
RSWC_WEBA	m	2DP	Depth to Base of Weathering Subdivision 风化区域基础的深度
RSWC_WSCH		PA	Weathering Scheme 风化评判体制
RSWC_WETH		PA	Weathering Degree 风化等级
FILE_FSET		X	Associated File Reference 相关文件

注:表中加粗组名为自定义组,需要在DICT自定义数据组中进行定义说明。

针对某一特定工程(例如安徽明堂山隧道),岩体不连续面风化程度(查表法)数据组储存为AGS格式文件如下所示:

$"GROUP","RSWC"$　　//

$"HEADING","LOCA\_ID","STRP\_ID","STRP\_DIAN","STRP\_DDAN","RSWC\_WETP","RSWC\_WEBA","RSWC\_WSCH","RSWC\_WETH","FILE\_FSET"$　　//

$"UNIT","","","°","°","m","m","","",""$　　//

$"TYPE","ID","ID","1DP","1DP","2DP","2DP","PA","PA","X"$　　//

"*DATA*","0306011","4","45.2","55.7","12.15","14.56","*SU*","1",
"*FS*012" //

岩体不连续面风化程度(查表法)数据组信息在数据库中的存储如图 8 - 17 所示。

PROJ_ID	LOCA_ID	STRP_ID	STRP_DIAN	STRP_DDAN	RSWC_WETP	RSWC_WEBA	RSWC_WSCH	RSWC_WETH	FILE_FSET
\<UNITS\>			°	°	m	m			
TYPE	ID	ID	1DP	1DP	2DP	2DP	PA	PA	X
AHMTS	0306011	4	45.2	55.7	12.15	14.56	SU	2	FS012

图 8 - 17 岩体不连续面风化程度(查表法)数据库显示

(2) AWI 法

AWI(绝对风化指数)法通过测算新鲜岩石和风化岩石的风化指数来判定岩石的风化程度。该数据组应该包含岩体不连续面倾角、倾向角、风化区域深度、新鲜岩石风化指数和风化岩石风化指数等。本节对通过 AWI 法判定岩石风化程度的数据组的表头的定义如表 8 - 17 所示:

表 8 - 17 岩石风化程度(AWI 法)数据组表头的定义

表头标题	建议单位/数据类型		描述
LOCA_ID		ID	Location Identifier 位置标识符
STRP_ID		ID	Structural Plane Identifier 结构面标识符
STRP_DIAN	°	1DP	Dip Angle of Structural Plane 结构面倾角
STRP_DDAN	°	1DP	Dip Direction Angle of Structural Plane 结构面倾向角
RSWA_WETP	m	2DP	Depth to Top of Weathering Subdivision 风化区域的深度
RSWA_WEBA	m	2DP	Depth to Base of Weathering Subdivision 风化区域基础的深度
RSWA_WSCH		PA	Weathering Scheme 风化评判体制
RSWA_WIN		1DP	Weathering Index of New Rock 新鲜岩石的风化指数
RSWA_WIWE		1DP	Weathering Index of Weathered Rock 风化岩石的风化指数
RSWA_WETH		PA	Weathering Degree 风化等级
FILE_FSET		X	Associated File Reference 相关文件

注:表中加粗组名为自定义组,需要在 DICT 自定义数据组中进行定义说明。

针对某一特定工程(例如安徽明堂山隧道),岩石风化程度(AWI 法)数据组储存为 AGS 格式文件如下所示:

"*GROUP*","*RSWA*" //

"*HEADING*","*LOCA_ID*","*STRP_ID*","*STRP_DIAN*","*STRP_DDAN*","*RSWA_WETP*","*RSWA_WEBA*","*RSWA_WSCH*","*RSWA_WIN*","*RSWA_WIWE*","*RSWA_WETH*","*FILE_FSET*" //

"*UNIT*","","","°","°","*m*","*m*","","","","","" //

"$TYPE$","ID","ID","1DP","1DP","2DP","2DP","PA","1DP",

"1DP","PA","X" //

"$DATA$","0306012","5","55.2","65.7","22.15","24.56","SYH",

"1.2","3.2","1","FS013" //

岩石风化程度（AWI 法）数据组信息在数据库中的存储如图 8-18 所示。

PROJ_ID	LOCA_ID	STRP_ID	STRP_DIAN	STRP_DDAN	RSWA_WETP	RSWA_WEBA
<UNITS>			°	°	m	m
TYPE	ID	ID	1DP	1DP	2DP	2DP
AHMTS	0306012	5	55.2	65.7	22.15	24.56
	RSWA_WSCH	RSWA_WIN	RSWA_WIWE	RSWA_WETH	FILE_FSET	
	PA	1DP	1DP	PA	X	
	SYH	1.2	3.2	1	FS013	

图 8-18 岩石风化程度（AWI 法）数据库显示

（3）岩体风化程度参数法

岩体风化程度参数包括岩石的波速比和岩石的风化系数,岩石的波速比为压缩波在新鲜岩石和风化岩石中的速度比,岩石的风化系数为新鲜岩石和风化岩体的单轴抗压强度比,所以该数据组应该包含样本信息、新鲜岩石和风化岩体的压缩波速和单轴抗压强度。本节对通过测算岩体风化程度参数法判定岩体风化程度的数据组的表头的定义如表 8-18 所示：

表 8-18 岩石风化程度（岩体风化程度参数法）数据组表头的定义

表头标题	建议单位/数据类型		描述
LOCA_ID		ID	Location Identifier 位置标识符
SAMP_TOP	m	2DP	Depth to Top of Sample 取样顶标高
SAMP_REF		X	Sample Reference 样本号
SAMP_TYPE		PA	Sample Type 样本类型
SAMP_ID		ID	Sample Unique Global Identifier 样本 ID
RSWP_WETP	m	2DP	Depth to Top of Weathering Subdivision 风化区域的深度
RSWP_WEBA	m	2DP	Depth to Base of Weathering Subdivision 风化区域基础的深度
RSWP_WSCH		PA	Weathering Scheme 风化评判体制
RSWP_UCSN	Mpa	3SF	Uniaxial Compressive Strength of New Rock 新鲜岩石的饱和单轴抗压强度
RSWP_UCSW	Mpa	3SF	Uniaxial Compressive Strength of Weathered Rock 风化岩体的饱和单轴抗压强度

表头标题	建议单位/数据类型		描述
RSWP_RWC		1DP	Rock Weathering Coefficient 风化系数
RSWP_WVN	m/s	1DP	Wave Velocity of New Rock 新鲜岩石波速
RSWP_WVW	m/s	1DP	Wave Velocity of Weathered Rock 风化岩体波速
RSWP_WVR		1DP	Wave Velocity Ratio 波速比
RSWP_WETH		PA	Weathering Degree 风化等级
FILE_FSET		X	Associated File Reference 相关文件

注:表中加粗组名为自定义组,需要在 DICT 自定义数据组中进行定义说明。

针对某一特定工程(例如安徽明堂山隧道),岩石风化程度(岩体风化程度参数法)数据组储存为 AGS 格式文件如下所示:

"$GROUP$","$RSWP$"　//

"$HEADING$","$LOCA\_ID$","$SAMP\_TOP$","$SAMP\_REF$","$SAMP\_TYPE$"," $SAMP\_ID$ "," $RSWP\_WETP$ "," $RSWP\_WEBA$ "," $RSWP\_WSCH$ "," $RSWP\_UCSN$ "," $RSWP\_UCSW$ "," $RSWP\_RWC$ "," $RSWP\_WVN$ "," $RSWP\_WVW$ "," $RSWP\_WVR$ "," $RSWP\_WETH$ "," $FILE\_FSET$ "　//

"$UNIT$","","m","","","","m","m","","MPa","MPa","","m/s","m/s","","","" 　//

" $TYPE$ "," ID "," $2DP$ "," X "," PA "," ID "," $2DP$ "," $2DP$ "," PA ","$3SF$","$3SF$","$1DP$","$1DP$","$1DP$","$1DP$","PA","X"　//

"$DATA$","0306013","6.88","245","U","007","32.15","34.56","S","20.2","10.2","0.4","10.1","15.2","0.3","1","$FS014$"　//

岩体风化程度(岩体风化程度参数法)数据组信息在数据库中的存储如图 8-19 所示。

PROJ_ID	LOCA_ID	SAMP_TOP	SAMP_REF	SAMP_TYPE	SAMP_ID	RSWP_WETP	RSWP_WEBA	RSWP_WSCH
<UNITS>		m				m	m	
TYPE	ID	2DP	X	PA	ID	2DP	2DP	PA
AHMTS	0306013	6.88	245	U	007	32.12	34.56	S
	RSWP_UCSN	RSWP_UCSW	RSWP_RWC	RSWP_WVN	RSWP_WVW	RSWP_WVR	RSWP_WETH	FILE_FSET
	MPa	MPa		m/s	m/s			
	3SF	3SF	1DP	1DP	1DP	1DP	PA	X
	20.2	10.2	0.4	10.1	15.2	0.3	1	FS014

图 8-19　岩体风化程度(岩体风化程度参数法)数据库显示

3) 岩体不连续面粗糙度

岩体不连续面粗糙度数据组应该包含岩体不连续面倾角、倾向角、岩体不连续面描述等。本节对岩体不连续面粗糙度数据组表头的定义如表 8‐19 所示：

表 8‐19　岩体不连续面粗糙度数据组表头的定义

表头标题	建议单位/数据类型		描述
LOCA_ID		ID	Location Identifier 位置标识符
STRP_ID		ID	Structural Plane Identifier 结构面标识符
STRP_DIAN	°	1DP	Dip Angle of Structural Plane 结构面倾角
STRP_DDAN	°	1DP	Dip Direction Angle of Structural Plane 结构面倾向角
RSRO_DPTH	m	2DP	Depth to Rock to be Observed 待观测岩体所处深度
RSRO_DESP		X	Description of Structural Plane 结构面描述
RSRO_SCH		PA	Roughness Scheme 粗糙度评判标准
RSRO_ROU		PA	Roughness Degree 粗糙度等级
FILE_FSET		X	Associated File Reference 相关文件

注：表中加粗组名为自定义组，需要在 DICT 自定义数据组中进行定义说明。

针对某一特定工程（例如安徽明堂山隧道），岩石结构面粗糙度数据组储存为 AGS 格式文件如下所示：

> "GROUP","RSRO"　//
>
> "HEADING","LOCA_ID","STRP_ID","STRP_DIAN","STRP_DDAN","RSRO_DPTH","RSRO_DESP","RSRO_SCH","RSRO_ROU","FILE_FSET"　//
>
> "UNIT","","","°","°","m","","","",""　//
>
> "TYPE","ID","ID","1DP","1DP","2DP","X","PA","PA","X"　//
>
> "DATA","0306014","6","55.7","67.5","32.15","Flat profile","N","1","FS015"　//

岩体不连续面粗糙度信息在数据库中的存储如图 8‐20 所示。

PROJ_ID	LOCA_ID	STRP_ID	STRP_DIAN	STRP_DDAN	RSRO_DPTH	RSRO_EDSP	RSRO_SCH	RSRO_RC	FILE_FSET
<UNITS>			°	°	m				
TYPE	ID	ID	1DP	1DP	2DP	X	PA	PA	X
AHMTS	0306014	6	55.7	67.5	32.15	Flat profile	N	1	FS015

图 8‐20　岩体不连续面粗糙度数据库显示

4）岩体不连续面充填等级

岩体不连续面充填等级与充填物的厚度及软硬程度有关。该数据组应该包含岩体不连续面倾角、倾向角、充填物的平均宽度等。本节对岩体不连续面充填等级数据组表头的定义如表 8‐20 所示：

表 8‐20 岩体不连续面充填等级数据组表头的定义

表头标题	建议单位/数据类型		描述
LOCA_ID		ID	Location Identifier 位置标识符
STRP_ID		ID	Structural Plane Identifier 结构面标识符
STRP_DIAN	°	1DP	Dip Angle of Structural Plane 结构面倾角
STRP_DDAN	°	1DP	Dip Direction Angle of Structural Plane 结构面倾向角
RSFL_DPTH	m	2DP	Depth to Rock to Be Observed 待观测岩体所处深度
RSFL_GWID	mm	0DP	General Width of Filled Surface 充填面普遍宽度
RSFL_SCH		PA	Filling Level Scheme 充填等级评判标准
RSFL_FILL		PA	Filling Level 充填等级
FILE_FSET		X	Associated File Reference 相关文件

注:表中加粗组名为自定义组,需要在 DICT 自定义数据组中进行定义说明。

针对某一特定工程(例如安徽明堂山隧道),岩石结构面充填等级数据组储存为 AGS 格式文件如下所示:

"GROUP","RSFL" //
"HEADING","LOCA_ID","STRP_ID","STRP_DIAN","STRP_DDAN","RSFL_DPTH","RSFL_GWID","RSFL_SCH","RSFL_FILL","FILE_FSET" //
"UNIT","","","°","°","m","mm","","","" //
"TYPE","ID","ID","1DP","1DP","2DP","0DP","PA","PA","X" //
"DATA","0306015","7","25.7","47.5","42.15","3","S","2","" //

岩体不连续面充填等级信息在数据库中的存储如图 8‐21 所示。

PROJ_ID	LOCA_ID	STRP_ID	STRP_DIAN	STRP_DDAN	RSFL_DPTH	RSFL_GWID	RSFL_SCH	RSFL_FILL
<UNITS>			°	°	m	mm		
TYPE	ID	ID	1DP	1DP	2DP	0DP	PA	PA
AHMTS	0306015	7	25.7	47.5	42.15	3	S	2

图 8‐21 岩体不连续面充填等级数据库显示

8.3.5 工程因素影响数据组

对于某些工程如边坡、地基工程,需要考虑工程的影响。该数据组应该包含工程现场施工时的开挖走向、开挖角度等。本节对工程影响数据组表头的定义如表 8‐21 所示:

表 8-21　工程影响数据组表头的定义

表头标题	建议单位/数据类型		描述
LOCA_ID		ID	Location Identifier 位置标识符
RPIN_DPTH	m	2DP	Depth to Rock Project 待观测岩体所处深度
RPIN_TREN		X	Trend of Excavation 开挖走向
RPIN_ANG	°	1DP	Angle of Excavation 开挖角度
RPIN_EVAL		PA	Rock Level 岩石等级
FILE_FSET		X	Associated File Reference 相关文件

注:表中加粗组名为自定义组,需要在 DICT 自定义数据组中进行定义说明。

针对某一特定工程(例如安徽明堂山隧道),工程影响数据组储存为 AGS 格式文件如下所示:

"GROUP","RPIN"　//

"HEADING","LOCA_ID","RPIN_DPTH","RPIN_TREN","RPIN_ANG","RPIN_EVAL","FILE_FSET"　//

"UNIT","","m","","°","",""　//

"TYPE","ID","2DP","X","1DP","PA","X"　//

"DATA","0306016","40.24","Consequent","45.2","VF","FS016"　//

工程影响数据组信息在数据库中的存储如图 8-22 所示。

PROJ_ID	LOCA_ID	RPIN_DPTH	RPIN_TREN	RPIN_ANG	RPIN_EVAL	FILE_FSET
<UNITS>						
TYPE	ID	2DP	X	1DP	PA	X
AHMTS	0306016	40.24	Consequent	45.2	VF	FS016

图 8-22　工程因素影响数据库显示

8.3.6　数据标准化系统工程实例

安徽明堂山隧道,全长 7.7 km,是安徽省已建高速公路中最长的隧道,地质构造复杂,主要为花岗岩。针对安徽明堂山隧道,在隧道工程的整个生命周期内,对于施工前、施工中和施工后需要存储和管理的一些地质信息,基于 SQL(结构化查询语言)服务器实现了一个集成的数据标准化系统,如图 8-23 所示,并将这些标准化的数据应用于如图 8-24 所示的三维可视化系统。

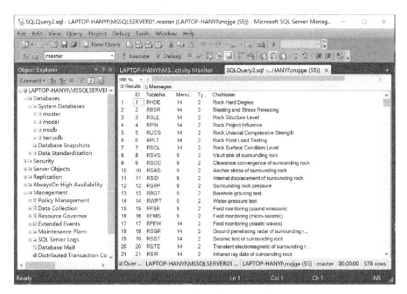

图 8‑23　数据标准化系统

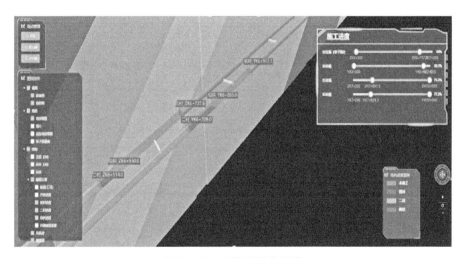

图 8‑24　三维可视化系统

8.4　本章小结

本章主要对广义三维非线性岩体强度参数现场测试数据进行了标准化处理,建立了基于广义三维非线性岩体强度准则的 AGS 标准化数据系统。以安徽明堂山隧道为例,介绍了数据标准化系统的具体应用,将岩体强度、岩石硬度、岩体结构层次、不连续性条件等地质信息的数据标准化逐步编制出来。利用 KeyAGS 将现场试验标准和数据用统

187

一的语言编译成为 AGS 格式的文件，然后将其整理成为基础数据库，可直接成为 SQL 的数据库。考虑到 AGS 在隧道工程中的局限性，对现有 AGS 标准进行了扩展，为地质信息添加了一些岩体强度参数，以满足隧道工程整个生命周期的数据保存及传输要求。利于现场测试数据的再开发，也利于更有效地管理和共享岩体隧道工程的地质信息，同时也给后期开发相应软件建立技术基础。

参考文献

冯增朝,赵阳升,2003. 岩体裂隙分维数与岩体强度的相关性研究[J]. 岩石力学与工程学报,(S1):2180-2182.

何江达,张建海,范景伟,2001. 霍克布朗强度准则中 m,s 参数的断裂分析[J]. 岩石力学与工程学报,20(4):432-435.

胡卸文,钟沛林,任志刚,2002. 岩体块度指数及其工程意义[J]. 水利学报,33(3):80-83.

黄贤斌,2015. 基于施工现场实测数据的岩体隧道稳定性动态分析方法[D]. 南京:东南大学.

刘宝琛,1982. 矿山岩体力学概论[M]. 长沙:湖南科学技术出版社.

刘东燕,朱可善,1998. 含断续节理岩体强度的各向异性研究[J]. 岩石力学与工程学报,17(4):366-371.

秦世伦,2011. 材料力学[M]. 2版. 成都:四川大学出版社.

宋建波,2001. 用 Hoek-Brown 准则估算层状岩体强度的方法[J]. 矿业研究与开发,21(6):1-3+6.

吴顺川,2021. 岩石力学[M]. 北京:高等教育出版社.

谢和平,高峰,1991. 岩石类材料损伤演化的分形特征[J]. 岩石力学与工程学报,10(1):74-82.

尤明庆,2007. 岩石的力学性质[M]. 北京:地质出版社.

俞茂宏,刘凤羽,刘锋,等,1990. 一个新的普遍形式的强度理论[J]. 土木工程学报,23(1):34-40.

昝月稳,俞茂宏,王思敬,2002. 岩石的非线性统一强度准则[J]. 岩石力学与工程学报,21(10):1435-1441.

张永兴,陈洪凯,朱凡,1995. 岩体脆性破坏的破坏准则及对 Druker-Prager 准则修正的探讨[J]. 重庆交通学院学报,14(4):69-76.

郑颖人,沈珠江,龚晓南,2002. 岩土塑性力学原理[M]. 北京:中国建筑工业出版社.

中华人民共和国交通运输部,2011. 公路工程地质勘察规范:JTG C20—2011 [S]. 北京:人民交通出版社.

中华人民共和国住房和城乡建设部，2013. 工程岩体试验方法标准：GB/T 50266—2013 [S]. 北京：中国计划出版社.

中华人民共和国住房和城乡建设部，2015. 工程岩体分级标准：GB/T 50218—2014 [S]. 北京：中国计划出版社.

中华人民共和国住房和城乡建设部，国家质量监督检验检疫总局，2009. 水利水电工程地质勘察规范：GB 50487—2008[S]. 北京：中国计划出版社.

朱合华，黄伯麒，张琦，等，2016. 基于广义 Hoek-Brown 准则的弹塑性本构模型及其数值实现[J]. 工程力学，33(2)：41－49.

Abou-Sayed A S, Brechtel C E, 1976. Experimental investigation of the effects of size on the uniaxial compressive strength of cedar city quartz diorite[C]//Proceedings of the 24th US Symposium on Rock Mechanics. Utah Snowbirds：1－5.

Adey R A, Pusch R, 1999. Scale dependency in rock strength[J]. Engineering Geology，53(3－4)：251－258.

Ali W, Mohammad N, Tahir M, 2014. Rock mass characterization for diversion tunnels at diamer basha dam, pakistan-a design perspective[J]. International Journal of Scientific Engineering and Technology，3(10)：1292－1296.

Al-Ajmi A M, Zimmerman R W, 2005. Relation between the Mogi and the Coulomb failure criteria[J]. International Journal of Rock Mechanics and Mining Sciences，42(3)：431－439.

Aubertin M, Li L, Simon R, 2002. Effect of damage on the stability of underground hard rock excavations[R]. Canada：Institut de recherche Robert-Sauvé en santé et en sécurité du travail.

Bardet J P, 1990. Lode dependences for isotropic pressure-sensitive elastoplastic materials[J]. Journal of Applied Mechanics，57(3)：498－506.

Barton C C, Gott C B, Montgomery J R, 1986. Fractal scaling of fracture and fault maps at yucca mountain, southern nevada[J]. Earth and Space Science News，67(44)：870.

Barton N, Bandis S, 1990. Review of predictive capabilities of JRC-JCS model in engineering practice[C]//Proceedings of the International Symposium on Rock Joints. Rotterdam：A. A. Balkema：603－640.

Barton N, Lien R, Lunde J, 1974. Engineering classification of rock masses for the design of tunnel support[J]. Rock Mechanics and Rock Engineering，6(4)：189－236.

Bažant Z P, 1984. Size effect in blunt fracture：concrete, rock, metal[J]. Journal of Engineering Mechanics，110(4)：518－535.

Bažant Z P, Chen E P, 1997. Scaling of structural failure[J]. Applied Mechanics

Reviews, 50(10): 593 - 627.

Bažant Z P, Lin F B, Lippmann H, 1993. Fracture energy-release and size effect in borehole breakout[J]. International Journal for Numerical and Analytical Methods in Geomechanics, 17(1): 1 - 14.

Bažant Z P, Oh B H, 1983. Crack band theory for fracture of concrete[J]. Materials and Structures, 16(3): 155 - 177.

Bažant Z P, Planas J, 1998. Fracture and size effect in concrete and other quasibrittle materials[M]. Florida: CRC Press.

Benz T, Schwab R, 2008a. A quantitative comparison of six rock failure criteria [J]. International Journal of Rock Mechanics and Mining Sciences, 45(7): 1176 - 1186.

Benz T, Schwab R, Kauther R A, et al., 2008b. A Hoek-Brown criterion with intrinsic material strength factorization[J]. International Journal of Rock Mechanics and Mining Sciences, 45(2): 210 - 222.

Bieniawski Z T, 1968. The effect of specimen size on compressive strength of coal [J]. International Journal of Rock Mechanics and Mining Sciences, 5(4): 325 - 335.

Bieniawski Z T, 1973. Engineering classification of jointed rock masses[J]. Civil Engineer in South Africa, 15: 335 - 343.

Bieniawski Z T, 1974. Estimating the strength of rock materials[J]. Journal of the Southern African Institute of Mining and Metallurgy: 74(8): 312 - 320.

Bieniawski Z T, 1976. Rock muss classification in rock engineering. [C]//Proceedings fo the Symposium on Exploration for Rock Engineering. Cape Town: A. A. Bulkema: 97 - 106.

Bieniawski Z T, 1984. Rock mechanics design in mining and tunnelling[M]. Rotterdam: A. A. Balkema.

Bieniawski Z T, 1989. Engineering rock mass classification[M]. Rotterdam: John Wiley.

Brassard G, Bratley P, 1996. Fundamentals of algorithms[M]. New Jersey: Prentice Hall.

Brown E T, 1993. The nature and fundamentals of rock engineering[J]. Compressive Rock Engineering-Principle, Practice and Projects, 1: 1 - 23.

Brown E T, Bray J W, Ladanyi B, et al., 1983. Ground response curves for rock tunnels[J]. Journal of Geotechnical Engineering, 109(1): 15 - 39.

Brown S R, 1987. A note on the description of surface roughness using fractal dimension[J]. Geophysical Research Letters, 14(11): 1095 - 1098.

Bésuelle P, Desrues J, Raynaud S, 2000. Experimental characterisation of the localisation phenomenon inside a Vosges sandstone in a triaxial cell[J]. International Journal of Rock Mechanics and Mining Sciences, 37(8): 1223 - 1237.

Cai M, 2010. Practical estimates of tensile strength and Hoek - Brown strength parameter m_i of brittle rocks[J]. Rock Mechanics and Rock Engineering, 43(2): 167 - 184.

Cai M, Kaiser P K, Uno H, et al. , 2004. Estimation of rock mass deformation modulus and strength of jointed hard rock masses using the GSI system[J]. International Journal of Rock Mechanics and Mining Sciences, 41(1): 3 - 19.

Carpinteri A, 1994. Fractal nature of material microstructure and size effects on apparent mechanical properties[J]. Mechanics of Materials, 18(2): 89 - 101.

Carpinteri A, Chiaia B, Ferro G, 1995. Size effects on nominal tensile-strength of concrete structures-multifractality of material ligaments and dimensional transition from order todisorder[J]. Materials and Structures, 28(6): 311 - 317.

Carpinteri A, Mainardi F, 1997. Fractals and fractional calculus in continuum mechanics[M]. New York: Springer.

Carranza-Torres C, 2004. Elasto-plastic solution of tunnel problems using the generalized form of the Hoek - Brown failure criterion[J]. International Journal of Rock Mechanics and Mining Sciences 41(S1): 629 - 639.

Carranza-Torres C, Fairhurst C, 1999. The elasto-plastic response of underground excavations in rock masses that satisfy the Hoek - Brown failure criterion[J]. International Journal of Rock Mechanics and Mining Sciences, 36(6): 777 - 809.

Celada B, Tardáguila I, Bieniawski Z T, 2014. Innovating tunnel design by an improved experience-based RMR system[C]//Proceedings of the World Tunnel Congress 2014: Tunnels for a Better Life, Foz do Iguaçu.

Chang C D, Haimson B, 2000. True triaxial strength and deformability of the German Continental Deep Drilling Program(KTB)deep hole amphibolite[J]. Journal of Geophysical Research: Solid Earth, 105(B8): 18999 - 19013.

Chen Y Q, Nishiyama T, Ito T, 2001. Application of image analysis to observe microstructure in sandstone and granite[J]. Resource Geology, 51(3): 249 - 258.

Cohen H, 1993. A course in computational algebraic number theory[M]. Berlin: Springer-Verlag.

Colak K, Unlu T, 2004. Effect of transverse anisotropy on the Hoek - Brown strength parameter 'mi' for intact rocks[J]. International Journal of Rock Mechanics and Mining Sciences, 41(6): 1045 - 1052.

Colmenares L B, Zoback M D, 2002. A statistical evaluation of intact rock failure criteria constrained by polyaxial test data for five different rocks[J]. International Journal of Rock Mechanics and Mining Sciences, 39(6): 695 - 729.

Cormen T H, Leiserson C E, Rivest R L, 1990. Introduction to algorithms[M]. Cambridge: MIT Press.

Coulomb C A, 1776. Essai sur une application des règles des maximise et minimis a quelque problèmes de statique[J]. Mémoire Académie Royale des Sciences, 7:343 - 382.

Coşar S, 2004. Application of rock mass classification systems for future support design of the dim tunnel near alanya[D]. Turkey: Middle East Technical University.

Cundall P A, Carranza-Torres C, Hart R, 2003. A new constitutive model based on theHoek - Brown criterion[C]//Proceedings of the 3rd international FLAC symposium. Sudbury: A. A. Balkema: 17 - 25.

Cundall P A, Strack O D L, 1979. Discrete numerical-model for granular assemblies[J]. Géotechnique, 29(1): 47 - 65.

Davy P, Sornette A, Sornette D, 1992. Experimental discovery of scaling laws relating fractaldimensions and the length distribution exponent of fault systems[J]. Geophysical Research Letters, 19(4): 361 - 363.

de Bresser J H P, Urai J L, Olgaard D L, 2005. Effect of water on the strength and microstructure of Carrara marble axially compressed at high temperature[J]. Journal of Structural Geology, 27(2): 265 - 281.

Deere D U, 1968. Gedogical considerations[C]//Rock Mechanics in Engineering Pratice. New York: Wiley: 1 - 20.

Drucker D C, 1951. A more fundamental approach to plastic stress-strain relations [C]//Proceedings of the 1st US National Congress of Applied Mechanics, New York: 487 - 491.

Drucker D C, Prager W, 1952. Soil mechanics and plastic analysis or limit design [J]. Quarterly of Applied Mathematics, 10(2): 157 - 165.

Exadaktylos G, Stavropoulou M, 2008. A specific upscaling theory of rock mass parameters exhibiting spatial variability: Analytical relations and computational scheme [J]. International Journal of Rock Mechanics and Mining Sciences, 45(7): 1102 - 1125.

Feng Z C, Zhao Y S, Zhao D, 2009. Investigating the scale effects in strength of fractured rock mass[J]. Chaos Solitons & Fractals, 41(5): 2377 - 2386.

Frenkel Y I, Kontorova T A, 1938a. On the theory of plastic deformation and twinning[J]. Journal of Experimental and Theoretical Physics, 8: 89 - 95.

Frenkel Y I, Kontorova T A, 1938b. On the theory of plastic deformation and twinning[J]. Journal of Experimental and Theoretical Physics, 8: 1340 - 1359.

Gercek H, 2002. Properties of failure envelopes and surfaces defined by theHoek-

Brown failure criterion[C]//Proceedings of the 6th Regional Rock Mechanics Symposium, Konya: 3 - 11.

Goodman R E, 1980. Introduction to rock mechanics[M]. New York: Wiley and Sons.

Griffith A A, 1921. The phenomena of rupture and flow in solids[J]. PhilosophicalTransactions of The Royal Society of London, 221(582 - 593): 163 - 198.

Griffith A A, 1924. The theory of rupture[C]//Proceedings of the 1st International Congress of Applied Mechanics, Delft: 55 - 63.

Grégoire V, Darrozes J, Gaillot P, et al. , 1998. Magnetite grain shape fabric and distribution anisotropy vs rock magnetic fabric: A three-dimensional case study[J]. Journal of Structural Geology, 20(7): 937 - 944.

Haimson B, Chang C, 2000. A new true triaxial cell for testing mechanical properties of rock, and its use to determine rock strength and deformability of westerly granite[J]. International Journal of Rock Mechanics and Mining Sciences, 37(1 - 2): 285 - 296.

Handin J, Heard H C, Magouirk J N, 1967. Effects of the intermediate principal stress on the failure of limestone, dolomite, and glass at different temperatures and strain rates[J]. Journal of Geophysical Research, 72(2): 611 - 640.

Herget G, 1988. Stress in rock[M]. Rotterdam: A. A. Balkema.

Hirata T, 1989. Fractal dimension of fault systems in Japan: fractal structure in rock fracture geometry at various scales[J]. Pure and Applied Geophysics, 131(1 - 2): 157 - 170.

Hoek E, 1983. The twenty-third rankine lecture: strength of jointed rock masses [J]. Géotechnique, 33(3): 187 - 223.

Hoek E, 1994. Strength of rock and rock masse[J]. ISRM News Journal, 2: 4 - 16.

Hoek E, Brown E T, 1980. Empirical strength criterion for rock masses[J]. Journal of the Geotechnical Engineering Division, 106(9): 1013 - 1035.

Hoek E, Brown E T, 1988. The Hoek-Brown failure criterion-a 1988 update[C]// Proceedings of the 15th Canadian Rock Mechanics Symposium, Toronto: 31 - 38.

Hoek E, Brown E T, 1997. Practical estimates of rock mass strength[J]. International Journal of Rock Mechanics and Mining Sciences, 34(8): 1165 - 1186.

Hoek E, Carranza-Torres C, Corkum B, et al. , 2002. Hoek-Brown failure criterion-2002 edition[C]//Proceedings of the NARMS-TAC Conference, Toronto : 267 - 273.

Hoek E, Diederichs M S, 2006. Empirical estimation of rock mass modulus[J]. International Journal of Rock Mechanics and Mining Sciences, 43(2): 203 - 215.

Hoek E, Kaiser P K, Bawden W, 1995. Support of underground excavation in hard rock[M]. Rotterdam: A. A. Balkema.

Hoek E, Marinos P, Benissi M, 1998. Applicability of the Geological Strength Index (GSI) classification for very weak and sheared rock masses: the case of the Athens schist formation[J]. Bulletin of Engineering Geology and the Environment, 57(2):151-160.

Hoek E, Wood D, Shah S, 1992. A modifiedHoek-Brown failure criterion for jointed rock masses[C]//Proceedings of the Rock Characterization, Symposium of ISRM. London: British Geotechnical: 209-214.

Hornby B E, Schwartz L M, Hudson J A, 1994. Anisotropic effective-medium modeling of the elastic properties of shales[J]. Geophysics, 59(10): 1570-1583.

Hustrulid W A, 1976. A review of coal pillar strength formulas[J]. Rock Mechanics and Rock Engineering, 8(2): 115-145.

Irvani I, Wilopo W, Karnawati D, 2015. Determination of nuclear power plant site in west bangka based on rock mass rating and geological strength index[J]. Journal of Applied Geology, 5(2): 78-86.

Jackson R, Lau J S O, 1990. The effect of specimen size on the laboratory mechanical properties of Lac du Bonnet grey granite[J]. Scale Effects in Rock Masses: 165-174.

Jaeger J C, 1960. Shear failure of anisotropic rocks[J]. Geological Magazine, 97: 65-72.

Jiang J, Pietruszczak S, 1988. Convexity of yield loci for pressure sensitive materials[J]. Computers and Geotechnics, 5(1): 51-63.

Johns H, 1966. Measuring the strength of rock in situ at an increasing scale[C]//Proceedings of the 1st ISRM Congress, Lisbon: 457-463.

Johnston I W, 1985. Strength of intact geomechanical materials[J]. Journal of Geotechnical Engineering, 111(6): 730-749.

Kalamaras G S, Bieniawski Z T, 1993. A rock mass strength concept for coal seams[C]//Proceedings of the 12th International Conference on Ground Control in Mining,Morgantown: 274-283.

Koifman M I, 1969. The size factor in rock-pressure investigations[J]. Mechanical Properties of Rocks: 109-117.

Košťák B, Bielenstein H U, 1971. Strength distribution in hard rock[J]. International Journal of Rock Mechanics and Mining Sciences, 8(5): 501-521.

Lade P, Kim M K, 1995. Single hardening constitutive model for soil, rock and concrete[J]. International Journal of Solids and Structures, 32(14): 1963-1978.

Lama R D, 1976. Size-effect considerations in the assessment of mechanical properties of rock masses[C]//Proceedings of the 2nd Symposium on Rock Mechanics, Dhanbad.

Lee Y K, Pietruszczak S, 2008. A new numerical procedure for elasto-plastic analysis of a circular opening excavated in a strain-softening rock mass[J]. Tunnelling and Underground Space Technology, 23(5): 588 – 599.

Levitin A, 2003. Introduction to the design and analysis of algorithms[M]. New York: Addison-Wesley.

Lin F B, Bažant Z P, 1986. Convexity of smooth yield surface of frictional material [J]. Journal of Engineering Mechanics, 112(11): 1259 – 1262.

Marinos P, Hoek E, 2000. GSI: a geologically friendly tool for rock mass strength estimation[C]//Proceedings of the ISRM International Symposium, OnePetro.

Marinos P, Hoek E, 2001. Estimating the geotechnical properties of heterogeneous rock masses such as flysch[J]. Bulletin of Engineering Geology and the Environment, 60(2): 85 – 92.

Martin C D, 1993. The strength of massive Lac du Bonnet granite around underground openings[D]. Winnipeg: University of Manitoba.

Martin C D, Read R S, Martino J B, 1997. Observations of brittle failure around a circular test tunnel[J]. International Journal of Rock Mechanics and Mining Sciences, 34(7): 1065 – 1073.

Matsuoka H, Nakai T, 1974. Stress-deformation and strength characteristics of soil under three different principal stresses[C]//Proceedings of the Japan Society of Civil Engineers, Tokyo, 232: 59 – 70.

Maurer W C, 1965. Shear failure of rock under compression[J]. Society of Petroleum Engineers Journal, 5(2): 167 – 176.

Mecholsky J J, Mackin T J, 1988. Fractal analysis of fracture in Ocala chert[J]. Journal of Materials Science Letters, 7(11): 1145 – 1147.

Melkoumian N, Priest S D, Hunt S P, 2009. Further development of the three-dimensional Hoek-Brown yield criterion[J]. Rock Mechanics and Rock Engineering, 42(6): 835 – 847.

Mogi K, 1964. Deformation and fracture of rocks under confining pressure(1): compression tests on dry rock sample[J]. Bulletin of the Earthquake Research Institute, 42(3): 491 – 514.

Mogi K, 1965. Deformation and fracture of rocks under confining pressure(2): elasticity and plasticity of some rocks[J]. Bulletin of the Earthquake Research Institute, 43(2): 349 – 379.

Mogi K, 1966. Pressure dependence of rock strength and transition from brittle fracture to ductile flow[J]. Bulletin of the Earthquake Research Institute, 55(2): 215 – 232.

Mogi K, 1967. Effect of the intermediate principal stress on rock failure[J]. Journal of Geophysical Research, 72(20): 5117 – 5131.

Mogi K, 1971. Fracture and flow of rocks under high triaxial compression[J]. Journal of Geophysical Research, 76(5): 1255 – 1269.

Mohr O, 1900. Which circumstances determine the elastic limit and the rupture of a material? [J]. Zeitschrift Des Vereines Deutscher Ingenieure, 44: 1524 – 1530.

Molli G, Heilbronner R, 1999. Microstructures associated with static and dynamic recrystallization of Carrara marble(Alpi Apuane, NW Tuscany, Italy)[J]. Geologie en Mijnbouw, 78(1): 119 – 126.

Murrell S A F, 1963. A criterion for brittle fracture of rocks and concrete under triaxial stress, and the effect of pore pressure on the criterion[C]//Proceedings of the 5th Symposium on Rock Mechanics, Minneapolis: 563 – 577.

Müller-Salzburg L, Ge X R, 1983. Untersuchungen zum mechanischen verhallen geklüfteten gebirges unter wechsellasten[C]//Proceedings of the 5th Congress International Society Rock Mechanic. Rotterdam: A. A. Balkema: A43 – 49.

Natau O P, Fröhlich B O, Amuschler T O, 1983. Recent developments of the large-scale triaxial test[C]//Proceedings of the 5th ISRM Congress, Melbourne: 65 – 74.

Navier C, 1839. Résumé des lecons donnees a l'école des ponts et chaussées sur l'application de la mécanique a l'établissement des constructions et des machines[M]. Bruxelles: Société Belgo De Librairie.

Nishiyama T, Chen Y Q, Kusuda H, et al. , 2002. The examination of fracturing process subjected to triaxial compression test in Inada granite[J]. Engineering Geology, 66(3 – 4): 257 – 269.

Olsson W A, 1974. Grain size dependence of yield stress in marble[J]. Journal of Geophysical Research, 79(32): 4859 – 4862.

Osgoui R, Ünal E, 2005. Rock reinforcement design for unstable tunnels originally excavated in very poor rock mass[M]. Florida: CRC Press.

Pan X D, Hudson J A, 1988. A simplified three dimensional Hoek-Brown yield criterion[C]//Proceedings of the Rock Mechanics and Power Plants. Rotterdam: A. A. Balkema: 95 – 103.

Potts D M, Zdravkovic L, 1999. Finite element analysis in geotechnical engineering: theory[M]. London: Thomas Telford Ltd.

Potyondy D O, Cundall P A, 2004. A bonded-particle model for rock[J]. International Journal of Rock Mechanics and Mining Sciences，41(8)：1329 - 1364.

Pratt H R，Black A D，Brown W S，et al.，1972. The effect of speciment size on the mechanical properties of unjointed diorite[J]. International Journal of Rock Mechanics and Mining Sciences，9(4)：513 - 516.

Pretorius J P G，Se M，1972. Weakness correlation and the size effect in rock strength tests[J]. The Southern African Institute of Mining and Metallurgy，12：322 - 327.

Price R H，1985. Effects of sample size on the mechanical behavior of topopah spring tuff[R]. New Mexico：Sandia National Laboratories.

Priest S D，2005. Determination of shear strength and three-dimensional yield strength for theHoek-Brown criterion[J]. Rock Mechanics and Rock Engineering，38 (4)：299 - 327.

Qi C Z，Wang M Y，Qlian Q H，et al.，2007. Structural hierarchy and mechanical properties of rock mass. PartII：Structural hierarchy and strength[C]//Proceedings of the 7th International Conference on Shock and Impact Loans on Structures，Beijing.

Ramamurthy T，1986. Stability of rock mass[J]. International Journal of Rock Mechanics and Mining Sciences，23(16)：1 - 75.

Ramamurthy T，1993. Strength and modulus responses of anisotropic rocks[J]. Comprehensive Rock Engineering. 1(1)：313 - 329.

Ramamurthy T，Rao G，Rao S，1985. A nonlinear strength criterion for rocks[J]. Proceeding of the Indian Geotechnical Conference，1：247 - 252.

Saroglou H，Tsiambaos G，2008. A modified Hoek-Brown failure criterion for anisotropic intact rock[J]. International Journal of Rock Mechanics and Mining Sciences，45(2)：223 - 234.

Schulmann K，Mlčoch B，Melka R，1996. High-temperature microstructures and rheology of deformed granite，Erzgebirge，Bohemian massif[J]. Journal of Structural Geology，18(6)：719 - 733.

Sharan S K，2003. Elastic-brittle-plastic analysis of circular openings in Hoek - Brown media[J]. International Journal of Rock Mechanics and Mining Sciences，40(6)：817 - 824.

Sharan S K，2005. Exact and approximate solutions for displacements around circular openings in elastic - brittle - plastic Hoek - Brown rock[J]. International Journal of Rock Mechanics and Mining Sciences，42(4)：542 - 549.

Simon R，Deng D，2009. Estimation of scale effects of intact rock using dilatometer testsresults[C]//Proceedings of the 62nd Canadian Geotech Conference，Halifax：

481 – 488.

Singh B, Goel R K, Mehrotra V K, et al. , 1998. Effect of intermediate principal stress on strength of anisotropic rock mass[J]. Tunnelling and Underground Space Technology, 13(1): 71 – 79.

Singh J L, Tamrakar N K, 2013. Rock mass rating and geological strength index of rock masses of thopal-malekhu river areas, central nepal lesser himalaya[J]. Bulletin of the Department of Geology, 16:29 – 42.

Sönmez H, Ulusay R, 1999. Modifications to the geological strength index(GSI) and their applicability to stability of slopes[J]. International Journal of Rock Mechanics and Mining Sciences, 36(6): 743 – 760.

Sönmez H, Ulusay R, 2002. A discussion on theHoek-Brown failure criterion and suggested modifications to the criterion verified by slope stability case studies[J]. Yerbilimleri, 26: 77 – 99.

Taylar A E, 1952. L'Hôpital's rule[J]. Am Math Mon, 59:20 – 24.

Thuro K, Plinninger R J, Zah S, et al. , 2001. Scale effects in rock strength properties. PartI: Unconfined compressive test and brazilian test[C]//Proceedings of the ISRM Reg EUROCK Symposium on Rock Mechanics, Espoo: 169 – 174.

Verhelst F, Vervoort A, DeBosscher P, et al. , 1995. X-ray computerized tomography: Determination of heterogeneities in rock samples[C]//Proceedings of the 8th International Congress on Rock Mechanics-Frontiers of Rock Mechanics Towards the 21st Century, Tokyo: 105 – 108.

Vermeer P A, Borst R, 1984. Non-associated plasticity for soils, concrete and rocks[J]. Stevin-Laboratory of Civil Engineering, 29(3): 1 – 75.

Vu B T, 2014. Investigation on progressive failure of deep weak rock tunnels by physical model tests and numerical analyses[D]. Shanghai: Tongji University.

Vu B T, Zhu H H, Xu Q W, 2013. Physical model tests on progressive failure mechanisms of unsupported tunnel in soft rock[C]//Proceedings of the 26th KKHTC-NN Symposium on Civil Engineering, Singapore.

Walker T, 2003. Granite grain size: not a problem for rapid cooling of plutons[J]. Journal of Creation, 17(2): 49 – 55.

Wang L B, Park J Y, Fu Y R, 2007. Representation of real particles for DEM simulation using X-ray tomography[J]. Construction and Building Materials, 21(2): 338 – 346.

Wang R, Kemeny J M, 1995. A new empirical criterion for rock under polyaxial compressive stresses[C]//Proceedings of the Rock mechanics. Rotterdam: A. A. Balkema: 453 - 458.

Weibull W, 1939. A statistical theory of the strength of materials[J]. Ingenioers Vetenskaps Akademiens, Handlingar, 151: 1 - 29.

Willam K J, Warnke E P, 1975. Constitutive model for the triaxial behaviour of concrete[C]//Proceedings of the Concrete Structures Subjected to Traiaxial Stresses, Bergamo: 1 - 30.

Wong T F, Baud P, 2012. The brittle-ductile transition in porous rock: A review [J]. Journal of Structural Geology, 44: 25 - 53.

Xie H P, Gao F, 2000. The mechanics of cracks and a statistical strength theory for rocks[J]. International Journal of Rock Mechanics and Mining Sciences, 37(3): 477 - 488.

Xie H P, Sanderson D J, Peacock D C P, 1994. A fractal model and energy dissipation for en echelon fractures[J]. Engineering Fracture Mechanics, 48(5): 655 - 662.

Xie H P, Wang J N, Xie W H, 1997. Fractal effects of surface roughness on the mechanical behavior of rock joints[J]. Chaos, Solitons & Fractals, 8(2): 221 - 252.

Yamamoto H, Kojima K, Tosaka H, 1993. Fractal clustering of rock fractures and its modeling using cascade process[C]//Proceedings of the 2nd International Workshop on Scale Effects in Rock Masses/Eurock, Lisbon: 81 - 86.

Yudhbir, Lemanza W, Prinzl F, 1983. An empirical failure criterion for rock masses[J]. Géotechnique, 33(3): 187 - 223.

Zhang L Y, Zhu H H, 2007. Three-dimensionalHoek-Brown strength criterion for rocks [J]. Journal of Geotechnical and Geoenvironmental Engineering, 133(9): 1128 - 1135.

Zhang L, 2008. A generalized three-dimensional Hoek-Brown strength criterion [J]. Rock Mechanics and Rock Engineering, 41(6): 893 - 915.

Zhang Q, Huang X B, Zhu H H, et al., 2019a. Quantitative assessments of the correlations between rock mass rating(RMR) and geological strength index(GSI)[J]. Tunnelling and Underground Space Technology, 83: 73 - 81.

Zhang Q, Ma Z, Li X, et al., 2019b. Data standardization of geological information for rock tunnel engineering[C]//Proceedings of the 3rd International Conference on Information Technology in Geo-Engineering(ICITG), Guimaraes: 210 - 226.

Zhang Q, Zhu H H, Zhang L Y, 2013. Modification of a generalized three-dimensionalHoek - Brown strength criterion[J]. International Journal of Rock Mechanics and Mining Sciences, 59: 80 - 96.

Zhang Q, Zhu H H, Zhang L Y, et al., 2011. Study of scale effect on intact rock strength using particle flow modeling[J]. International Journal of Rock Mechanics and Mining Sciences, 48(8): 1320 - 1328.

Zhang Q，Zhu H，Zhang L，et al.，2012. Effect of micro-parameters on theHoek-Brown strength parameter m i for intact rock using particle flow modeling［C］//Proceedings of the 46th US Rock Mechanics/Geomechanics Symposium，New York：2187 - 2193.

Zhu H H，Zhang Q，Huang B Q，et al.，2017. A constitutive model based on the modified generalized three-dimensional Hoek-Brown strength criterion［J］. International Journal of Rock Mechanics and Mining Sciences，98(10)：78 - 87.